U0291578

建筑装饰制图

（建筑装饰工程技术专业适用）

住房城乡建设部
十三五

住房城乡建设部土建类学科专业『十三五』规划教材

本教材编审委员会组织编写

孟春芳　主编

李　进　主审

中国建筑工业出版社

图书在版编目（CIP）数据

建筑装饰制图：建筑装饰工程技术专业适用/孟春芳主编.—北京：中国建筑工业出版社，2019.4（2024.1 重印）

住房城乡建设部土建类学科专业"十三五"规划教材

ISBN 978-7-112-23652-7

Ⅰ.①建…　Ⅱ.①孟…　Ⅲ.①建筑装饰 – 建筑制图 – 高等学校 – 教材　Ⅳ.① TU238

中国版本图书馆CIP数据核字（2019）第080288号

　　本教材为住房城乡建设部土建类学科专业"十三五"规划教材，主要包括认识制图基本知识和技能、由三维立体绘制二维平面投影图、由二维平面投影图想象三维立体、建筑施工图的识读与绘制、装饰施工图的识读与绘制、建筑装饰测绘、室内透视图的绘制7个学习项目。每个项目包含必要的【知识与技能】、【在线课堂】、【课后实训】、【课后实训评价标准】等环节。其中，【在线课堂】主要借助二维码扫描功能，提供微课视频等素材，便于学生对于学习重点和关键技能的学习掌握。本教材可作为建筑设计、建筑装饰工程技术、建筑室内设计、环境艺术设计等专业教材，也可为相关从业人员进行制图学习提供参考。

　　为更好地支持本课程的教学，我们向选用本书作为教材的教师提供教学课件，有需要者请与出版社联系，邮箱：jckj@cabp.com.cn，电话：01058337285，建工书院 http://edu.cabplink.com（PC端）。

责任编辑：杨　虹　尤凯曦
责任校对：芦欣甜

住房城乡建设部土建类学科专业"十三五"规划教材
建筑装饰制图
（建筑装饰工程技术专业适用）
本教材编审委员会组织编写
孟春芳　主　编
李　进　主　审
＊
中国建筑工业出版社出版、发行（北京海淀三里河路9号）
各地新华书店、建筑书店经销
北京雅盈中佳图文设计公司制版
北京云浩印刷有限责任公司印刷
＊
开本：787×1092毫米　1/16　印张：9　插页：1　字数：198千字
2019年8月第一版　2024年1月第三次印刷
定价：36.00元（赠教师课件）
ISBN 978-7-112-23652-7
（33939）

编审委员会名单

主　任：季　翔

副主任：朱向军　周兴元

委　员（按姓氏笔画为序）：

王　伟　甘翔云　冯美宇　吕文明　朱迎迎

任雁飞　刘艳芳　刘超英　李　进　李　宏

李君宏　李晓琳　杨青山　吴国雄　陈卫华

周培元　赵建民　钟　建　徐哲民　高　卿

黄立营　黄春波　鲁　毅　解万玉

前　言

建筑装饰制图技能作为建筑装饰工程技术等专业人才必备的基本技能之一，不仅要求学生会合理使用绘图工具仪器，还要熟悉建筑制图的相关标准规定；不仅要求同学们掌握基本几何作图步骤与方法，还要理解建筑图纸的作图原理，建立起二维与三维相互转化的空间想象力，熟悉建筑基本构造，熟悉建筑图纸表达内容等。为此，"建筑装饰制图"课程内容呈现出实践性强、逻辑性强、空间想象力要求高、操作技能性强的特点。在许多院校的建筑装饰制图学习中，这门课程往往令学生感到头疼难懂、空间想象力难以建立，识图与绘图的技能难以满足职业学习要求。

为此，本教材在不断探索适应高职技能应用的基础上，从建筑装饰制图与识图技能要求和学生的学习规律特点出发，并结合当前学生手机媒体学习需要的特点，以必要的项目知识与技能点进行编写，依次设置为认识制图基本知识和技能、由三维立体绘制二维平面投影图、由二维平面投影图想象三维立体、建筑施工图的识读与绘制、装饰施工图的识读与绘制、建筑装饰测绘、室内透视图的绘制7个学习项目。每个项目包含必要的【知识与技能】、【在线课堂】、【课后实训】、【课后实训评价标准】等环节。其中，【在线课堂】主要借助二维码扫描功能，结合微课视频、课件等课程素材，便于学生对于学习重点和关键技能的学习掌握；【课后实训评价标准】则可以满足学生对实训完成情况予以自我对照评价、验收强化的要求。室内透视图的绘制的项目内容可以根据学时情况进行选修学习。

同时，本教材在编写内容上，力求采用大量的图片注解方式，直观明了地突出"实用的制图知识与技能"，不仅方便学生阅读与理解，更突出其实用性和可操作性。

本教材不仅可以作为建筑装饰工程技术、建筑设计、建筑室内设计、环境艺术设计等专业的指导教材使用，也可以供建筑类其他相关专业学习制图使用。同时，也是其他相关建筑行业人员进行制图学习的很好参考。

本教材主要由江苏建筑职业技术学院孟春芳编写完成。其中，由三维立体绘制二维平面投影图、由二维平面投影图想象三维立体的【在线课堂】视频部分由江苏建筑职业技术学院吴小青和孟春芳共同完成。统稿工作由江苏建筑职业技术学院孟春芳完成。本教材由上海城建职业学院李进副院长主审。本教材是依托江苏建筑职业技术学院园林工程技术品牌专业建设项目（项目序号PPZY2016A03）进行撰写。

本教材从酝酿到编写完成，历时两年，只是期待更好地展现教材内容。但由于作者水平有限，文中难免存在缺点和不足，恳请专家、老师、同学批评指正。

通信地址：江苏省徐州市学苑路26号江苏建筑职业技术学院建筑装饰学院，221116。邮箱：879155506@qq.com。

孟春芳

2019年2月于徐州

目　录

1

认识制图基本知识和技能

【知识与技能】

1.1 认知装饰图纸的表达要素

为了制图统一规范，现行国家建筑制图标准对制图中的图纸布置、图线、字体、比例、尺寸标注、图例符号等作了相关规定，在制图和识图中应予以遵循。现行相关制图标准有：

1.《房屋建筑制图统一标准》GB/T 50001—2017

2.《建筑制图标准》GB/T 50104—2010

3.《总图制图统一标准》GB 50103—2010

4.《房屋建筑室内装饰装修制图标准》JGJ/T 244—2011

1.1.1 图线

任何工程图样都是采用不同的线型与线宽的图线绘制而成的。如图1.1-1所示。

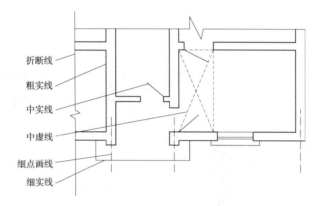

图 1.1-1 图纸中的图线类型

为了使图样清楚、明确，房屋建筑室内装饰装修制图采用的图线分为实线、虚线、单点长画线、点线、样条曲线、云线、折断线、波浪线等线型。制图时应按表 1.1-1 所示线型用途选用合适线型制图。

每个图样，应根据复杂程度与比例大小，先确定基本线宽 b，再按表 1.1-2 确定适当的线宽组。同一张图纸内，相同比例的各图样，应选用相同的线宽组。

房屋建筑室内装饰装修制图常用线型   表1.1-1

名称		线型	线宽	一般用途
实线	粗	———	b	1.平、剖面图中被剖切的房屋建筑和装饰装修构造的主要轮廓线 2.房屋建筑室内装饰装修立面图的外轮廓线 3.房屋建筑室内装饰装修构造详图、节点图中被剖切部分的主要轮廓线v 4.平、立、剖面图的剖切符号
	中粗	———	$0.7b$	1.平、剖面图中被剖切的房屋建筑和装饰装修构造的次要轮廓线 2.房屋建筑室内装饰装修详图中的外轮廓线

名称		线型	线宽	一般用途
实线	中	———————	0.5b	1.房屋建筑室内装饰装修构造详图中的一般轮廓线 2.小于0.7b的图形线、家具线、尺寸线、尺寸界线、索引符号、标高符号、引出线、地面、墙面的高差分界线等
	细	———————	0.25b	图形和图例的填充线
虚线	中粗	- - - - - -	0.7b	1.表示被遮挡部分的轮廓线 2.表示被索引图样的范围 3.拟建、扩建房屋建筑室内装饰装修部分轮廓线
	中	- - - - - -	0.5b	1.表示平面中上部的投影轮廓线 2.预想放置的房屋建筑或构件
	细	··············	0.25b	表示内容与中虚线相同，适合小于0.5b的不可见轮廓线
单点长画线	中粗	— · — · — · —	0.7b	运动轨迹线
	细	— · — · — · —	0.25b	中心线、对称线、定位轴线
折断线	细	 —————〉/————	0.25b	不需要画全的断开界线
波浪线	细	 ∿∿∿∿	0.25b	1.不需要画全的断开界线 2.构造层次的断开界线 3.曲线形构件断开界限
点线	细	··············	0.25b	制图需要的辅助线
样条曲线	细	 ～～	0.25b	1.不需要画全的断开界线 2.制图需要的引出线
云线	中	 ⌇⌇⌇⌇	0.5b	1.圈出被索引的图样范围 2.标注材料的范围 3.标注需要强调、变更或改动的区域

注：一般工程建设制图是采用实线、虚线、单点长画线、双点长画线、折断线和波浪线6种线型。地坪线宽采用1.4b。具体可参见《建筑制图标准》GB/T 50104—2010和《房屋建筑制图统一标准》GB/T 50001—2017。

线宽组　　　　　　　　　　　　　　　　　表1.1-2

线宽比	线宽组			
b	1.4	1.0	0.7	0.5
0.7b	1.0	0.7	0.5	0.35
0.5b	0.7	0.5	0.35	0.25
0.25b	0.35	0.25	0.18	0.13

注：1.需要缩微的图纸，不宜采用0.18及更细的线宽。

2.同一张图纸内，各不同线宽中的细线，可统一采用较细的线宽组的细线。

绘制较简单的图样时，可采用两种线宽的线宽组，其线宽比宜为 b : $0.25b$。

图线的宽度 b，应从下列线宽系列中选取：0.35mm、0.5mm、0.7mm、1.0mm、1.4mm、2.0mm。

绘制图线时还应特别注意点长画线和虚线的画法，以及图线交接时的画法，如图1.1-2所示。

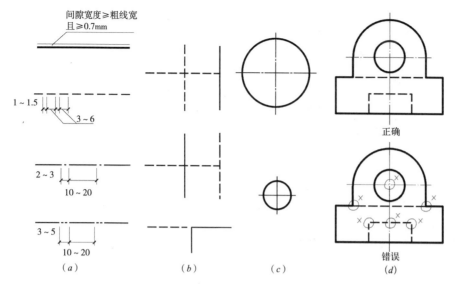

图 1.1-2 图线交接的
　画法
（a）线的画法;
（b）交接;
（c）圆的中心线画法;
（d）举例

1）虚线、单点长画线及双点长画线的线段长度和间隔，应根据图样的复杂程度和图线的长短来确定，但宜各自相等，当图样较小，用单点长画线和双点长画线绘图有困难时，可用实线代替。

2）单点长画线和双点长画线的首末两端应是线段，而不是点。单点长画线（双点长画线）与单点长画线（双点长画线）交接或单点长画线（双点长画线）与其他图线交接时，应是线段交接。

3）虚线与虚线交接或虚线与其他图线交接时，都应是线段交接。虚线为实线的延长线时，不得与实线连接。

4）相互平行的图线，其间距不宜小于其中粗线宽度，且不宜小于 0.7mm。

图线不得与文字、数字或符号重叠、混淆，不可避免时，应首先保证文字等的清晰。

1.1.2　字体

图纸中的字体包括汉字、数字、字母等。

（1）汉字

图样的图名、做法及说明等中的汉字，宜采用长仿宋体。文本封面可采用其他字体，易于辨认即可。

长仿宋字是工程图纸中最常用的文字字体。长仿宋体字样及笔画如下：

字的大小用字号来表示，字的号数即字的高度，各号字的高度与宽度的关系见表1.1–3。

仿宋字高宽关系   表1.1–3

字号	20	14	10	7	5	3.5
字高	20	14	10	7	5	3.5
字宽	14	10	7	5	3.5	2.5

字号选用大小应根据图幅大小确定。如需书写更大的字，其高度应按$\sqrt{2}$的比值递增。

为了使字写得大小一致、排列整齐，书写前应先用铅笔淡淡地打好字格，再进行书写。字格高宽比例，一般为3：2。为了使字行清楚，行距应大于字距。通常字距约为字高的$\frac{1}{4}$，行距约为字高的$\frac{1}{3}$，如图1.1–3所示。

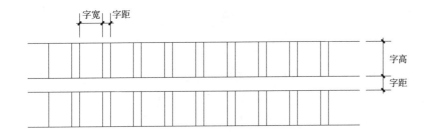

图1.1–3　长方体字的高宽比

(2) 拉丁字母、阿拉伯数字及罗马数字

图纸中的拉丁字母、阿拉伯数字及罗马数字，可以写成直体字，也可以写成斜体字，如图1.1–4所示。在书写时注意笔画顺序。

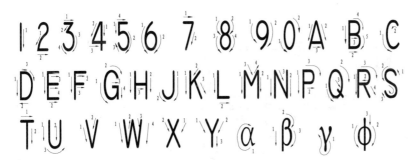

图1.1–4　数字及字母书写示例

字号大小的选用跟图纸规格大小有关,常用的A3图纸字号选用如图1.1-5所示。

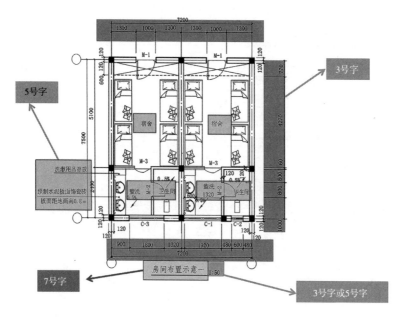

图 1.1-5　常用的 A3
图纸字号选用

1.1.3　尺寸标注

在建筑施工图中,图形只能表达建筑物的形状,建筑物各部分的大小还必须通过标注尺寸才能确定。注写尺寸时,应力求做到正确、完整、清晰、合理。

图纸中的尺寸标注类型有以下7种类型:一般尺寸标注(长、宽、高的标注);半径、直径、角度的标注;坡度的标注;厚度的标注;连续等值的标注;多个相同要素的标注;不规则曲线图形的尺寸标注。

(1) 一般尺寸标注

建筑图样上的尺寸一般应由尺寸界线、尺寸线、尺寸起止符号和尺寸数字四部分组成。如图1.1-6所示。

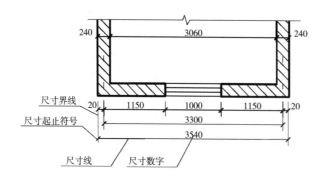

图 1.1-6　一般尺寸
组成

一般尺寸标注注意事项如下:

1) 尺寸界线是控制所注尺寸范围的线,应用细实线绘制,一般应与被注长度垂直;其一端应离开图样轮廓线不小于2mm,另一端宜超出尺寸线2～3mm。如图1.1-7所示。

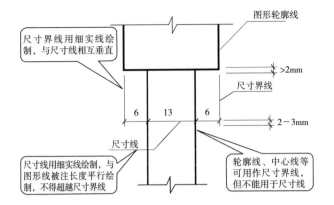

图 1.1-7　尺寸界线与尺寸线的规定

2）尺寸线是用来注写尺寸的，必须用细实线单独绘制，应与被注长度平行，且不宜超出尺寸界线。任何图线或其延长线均不得用作尺寸线。

3）尺寸起止符号一般应用中粗斜短线绘制，其倾斜方向应与尺寸界线成顺时针 45° 角，长度宜为 2 ~ 3mm。如图 1.1-8 所示。

4）任何图线不得穿越隔断尺寸数字，以尺寸数字为准隔断图线。如图 1.1-9 所示。

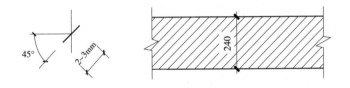

图 1.1-8　尺寸起止符号的绘制规定（左）

图 1.1-9　图线不得穿越隔断尺寸数字（右）

5）尺寸数字应依据其读数方向注写在靠近尺寸线的上方中部，如没有足够的注写位置，最外边的尺寸数字可注写在尺寸界线外侧，中间相邻的尺寸数字可错开注写，也可引出注写，如图 1.1-10 所示。

1）注写在尺寸界线外侧；
2）或上下错开；
3）或用引出线引出再标注。

图 1.1-10　尺寸界线之间没有足够注写位置时的尺寸数字注写

（2）半径、直径、角度的标注

如图 1.1-11 所示，半径、直径、角度和弧长的尺寸起止符号，宜用箭头表示。

（3）坡度的标注

坡度较小或比较平缓时，用如图 1.1-12 所示的百分数方式进行坡度标注。比如，厨房、卫生间地面、阳台地面、雨篷顶面以及建筑出入口的平台处地面等。

坡度较大时，可以用比值或角度的标注方法。如图 1.1-13 所示。

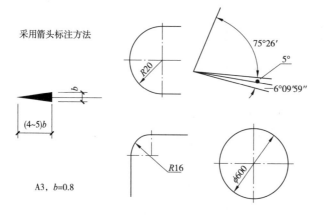

图 1.1-11 半径、直径、角度和弧长的标注

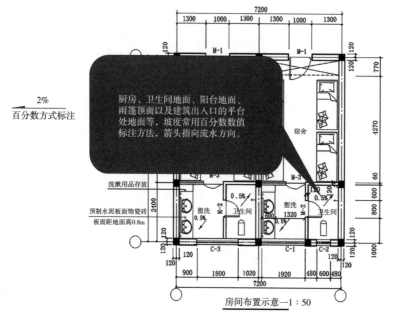

房间布置示意一1：50

图 1.1-12 坡度较小或比较平缓时的标注

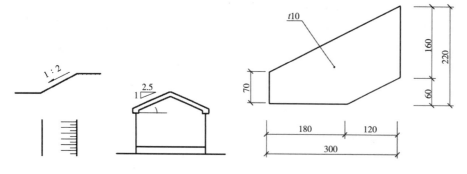

图 1.1-13 坡度较大时的标注（左）

图 1.1-14 厚度的标注（右）

（4）厚度的标注

常用于薄板的厚度标注，数字前加"*t*"。如图 1.1-14 所示，说明这块不规则的薄板厚度为 10mm。

（5）连续等值的标注

连续排列的等长尺寸，可用"个数 × 等长尺寸＝总长"的形式标注。如图1.1-15所示楼梯处的尺寸标注，用等式标注方法"280×11=3080"表示连续等值，其中，280表示楼梯踏步的宽度，11代表踏步面的数量。

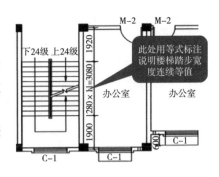

图1.1-15 连续等值的等式标注

（6）多个相同要素的标注

当构配件内的构造要素（如孔、槽等）出现多个相同要素时，仅在其中一个要素上标注清楚其数量和形状大小尺寸即可。如图1.1-16所示，"6×φ30"表示6个大小相同的圆形，圆形的直径为30。

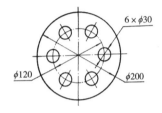

图1.1-16 相同要素尺寸标注方法

（7）不规则曲线图形的尺寸标注

如图1.1-17所示，当出现不规则曲线图形时，往往采用网格辅助标注的方法。

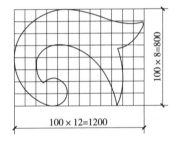

图1.1-17 曲线图形的网格辅助标注方法

1.1.4 比例

为了在图纸上准确地表达建筑，在绘制建筑图样时需要按照比例绘图。如图1.1-18所示。

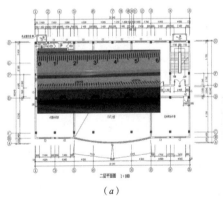

（a）

（b）

图1.1-18 绘制图样时需要按照比例绘图
（a）建筑图样；
（b）建筑实物

（1）比例的概念与注写

$$比例 = \frac{图样的线性尺寸}{实际物体相应的线性尺寸}$$

图纸中比例注写采用如1：1、1：2、1：50、1：100等最简注写形式。其中，冒号"："前的数字代表图样中的绘制尺寸数值，冒号"："后代表实际建筑物体的尺寸数值。1 ： 50 表示图样中的 1mm 代表实际物体的 50mm，同理，1 ： 100 表示图样中的 1mm 代表实际物体的 100mm。

比例宜注写在图名的右侧，字的基准线应取平；比例的字高宜比图名的字高小一号或两号，如图 1.1-19 所示。

<u>**平面图**</u> 1：100　　　　1：20

图 1.1-19　比例的注写示例

(2) 比例的选用

建筑工程制图中，建筑物往往用缩得很小的比例绘制在图纸上，而对某些细部构造又要用较大的比例或足尺（1 ： 1）绘制在图纸上。

在绘制同一物体时，所用比例越大，图样越大，所占图幅越大；比例越小，图样越小，所占图幅越小。

而在同样图幅情况下，比例越大，表达区域范围越小，表达内容越详尽；比例越小，表达区域范围越大，内容越粗略。

因此，绘图所用的比例应根据图样的用途与被绘对象的复杂程度，选择适宜比例。常用比例如表 1.1-4 所示。

常用比例　　　　　　　　　　　　　　　　表1.1-4

比例	部位	图纸内容
1：200～1：100	总平面、总顶面	总平面布置图、总顶棚平面布置图
1：100～1：50	局部平面、局部顶棚平面	局部平面布置图、局部顶棚平面布置图
1：100～1：50	不复杂的立面	立面图、剖面图
1：50～1：30	较复杂的立面	立面图、剖面图
1：30～1：10	复杂的立面	立面放大图、剖面图
1：10～1：1	平面及立面中需要详细表示的部位	详图
1：10～1：1	重点部位的构造	节点图

(3) 比例与尺寸标注的关系

比例的大小是指比值的大小，并不影响尺寸的标注，用一定比例绘制的图形标注的尺寸为实际物体尺寸。如图 1.1-20 所示，同一扇门用不同的比例绘制，标注尺寸同为 2100 和 1000。

1.1.5　图例

为准确表达图纸设计内容，建筑工程图样中会根据图样需要采用不同的图例图示出不同内容，表 1.1-5 是建筑平面、建筑立面、建筑剖面图中常用的建筑构造和配件图例；表 1.1-6 是用较大比例绘制图样时，表达不同材料的剖切断面需要的建筑材料图例等。

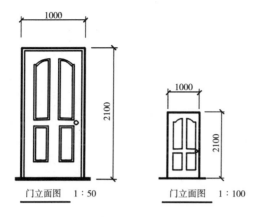

门立面图 1:50　　　　　门立面图 1:100

图 1.1—20　不同比例绘制同一扇门的尺寸标注

常用的建筑构造和配件图例　　　　　　　表1.1—5

名称	图例	备注
墙体		1.上图为外墙，下图为内墙 2.外墙细线表示有保温层或有幕墙 3.应加注文字或涂色或图案填充表示各种材料的墙体 4.在各层平面图中防火墙宜着重以特殊图案填充表示
隔墙		1.加注文字或涂色或图案填充表示各种材料的轻质隔断 2.适用于到顶与不到顶隔断
玻璃幕墙		幕墙龙骨是否表示由项目设计决定
栏杆		—
楼梯		1.上图为顶层楼梯平面，中图为中间层楼梯平面，下图为底层楼梯平面 2.需设置靠墙扶手或中间扶手时，应在图中表示
坡道		上图为两侧垂直的门口坡道，中图为有挡墙的门口坡道，下图为两侧找坡的门口坡道

名称	图例	备注
坡道	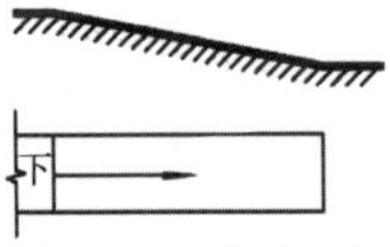	长坡道
台阶	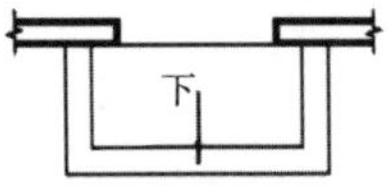	—
平面高差	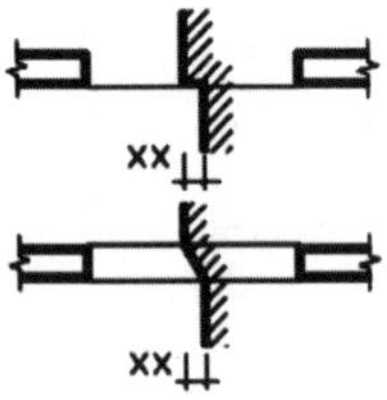	用于高差小的地面或楼面交接处，并应与门的开启方向协调
孔洞		阴影部分亦可填充灰度或涂色代替
坑槽		—
检查口		左图为可见检查口，右图为不可见检查口
墙预留洞、槽	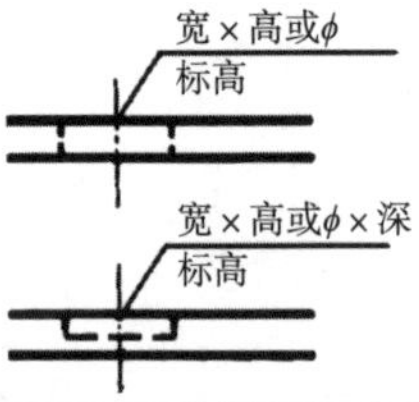 宽×高或φ 标高 宽×高或φ×深 标高	1.上图为预留洞，下图为预留槽 2.平面以洞（槽）中心定位 3.标高以洞（槽）底或中心定位 4.宜以涂色区别墙体和预留洞（槽）
地沟	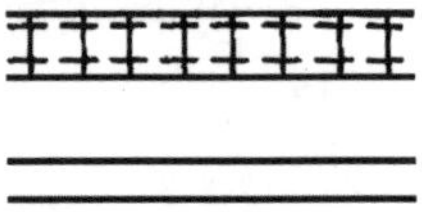	上图为活动盖板地沟，下图为无盖板明沟
烟道	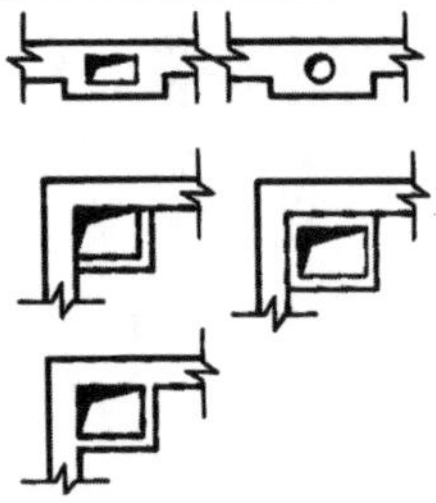	
风道	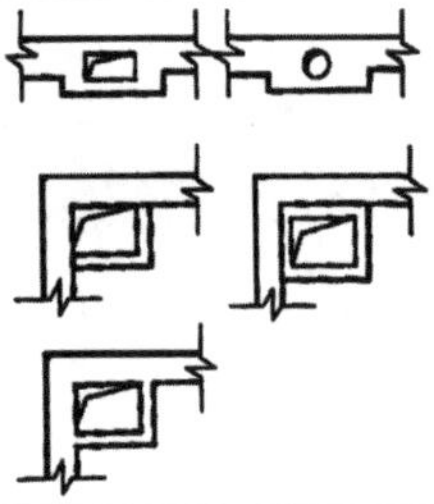	

名称	图例	备注
新建墙和窗	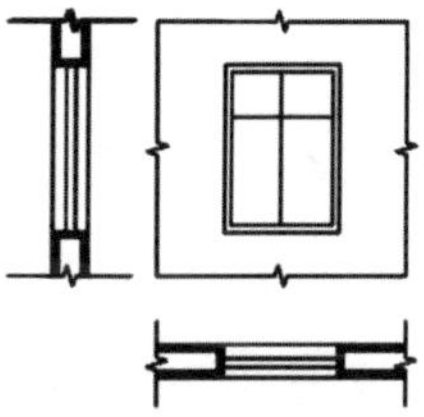	—
空门洞	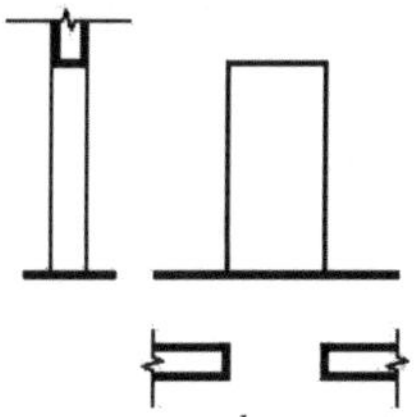	h为门洞高
单扇平开或单向弹簧门	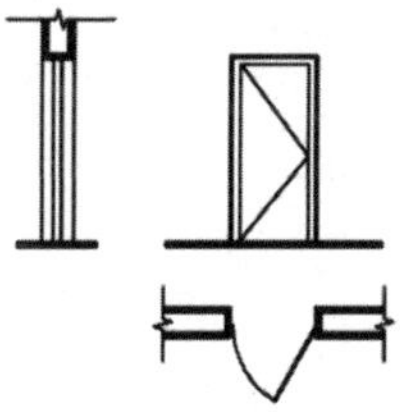	1.门的名称代号用M表示 2.平面图中，下为外，上为内，门开启线为90°、60°或45° 3.立面图中，开启线实线为外开，虚线为内开。开启线交角的一侧为安装铰链一侧。开启线在建筑立面图中可不表示，在立面大样图中可根据需要绘出 4.剖面图中，左为外，右为内 5.附加纱扇应以文字说明，在平、立、剖面图中均不表示 6.立面形式应按实际情况绘制
单扇平开或双向弹簧门	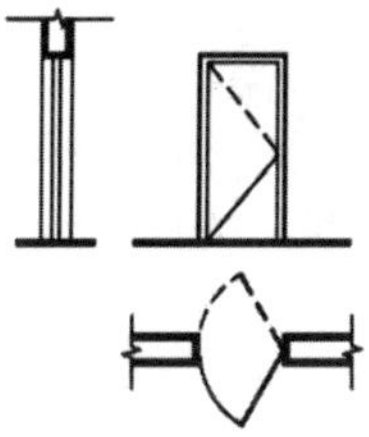	
单面开启双扇门（包括平开或单面弹簧）	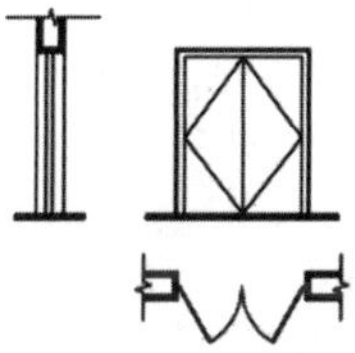	1.门的名称代号用M表示 2.平面图中，下为外，上为内，门开启线为90°、60°或45° 3.立面图中，开启线实线为外开，虚线为内开。开启线交角的一侧为安装铰链一侧。开启线在建筑立面图中可不表示，在立面大样图中可根据需要绘出 4.剖面图中，左为外，右为内 5.附加纱扇应以文字说明，在平、立、剖面图中均不表示 6.立面形式应按实际情况绘制
双面开启双扇门（包括平开或双面弹簧）	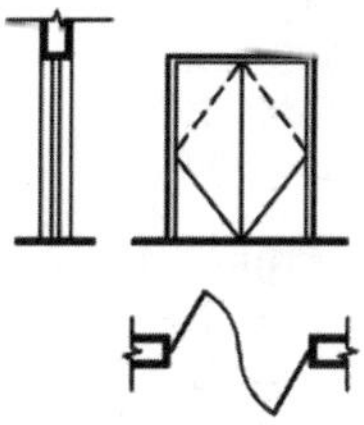	
折叠门	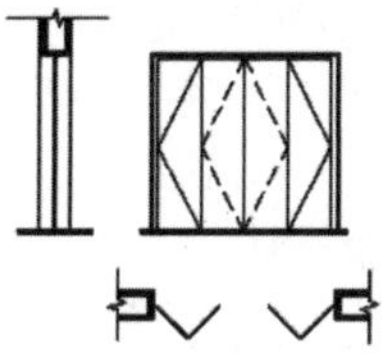	1.门的名称代号用M表示 2.平面图中，下为外，上为内 3.立面图中，开启线实线为外开，虚线为内开。开启线交角的一侧为安装铰链一侧。 4.剖面图中，左为外，右为内 5.立面形式应按实际情况绘制

序号	名称	图例	备注
1	自然土壤		包括各种自然土壤
2	夯实土壤		—
3	砂、灰土	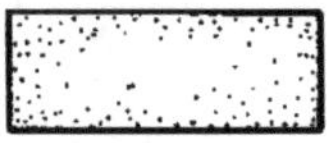	靠近轮廓线绘较密的点
4	砂砾石、碎砖三合土	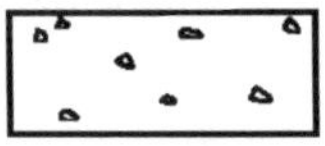	
5	石材	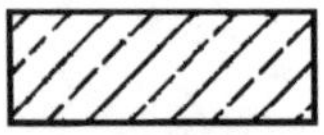	
6	毛石		
7	普通砖	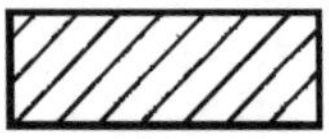	包括实心砖、多孔砖、砌块等砌体。断面较窄不易绘出图例线时，可涂红
8	耐火砖	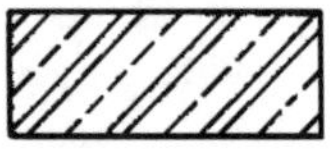	包括耐酸砖等砌体
9	空心砖		指非承重砖砌体
10	饰面砖		包括铺地砖、陶瓷锦砖、人造大理石等
11	焦渣、矿渣	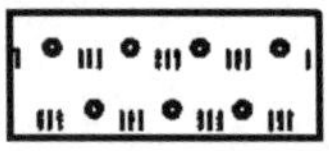	包括与水泥、石灰等混合而成的材料
12	混凝土		（1）本图例指能承重的混凝土及钢筋混凝土
13	钢筋混凝土	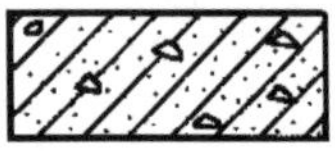	（2）包括各种强度等级、骨料、添加剂的混凝土 （3）在剖面图上画出钢筋时，不画图例线 （4）断面图形小，不易画出图例线时，可涂黑
14	多孔材料		包括水泥珍珠岩、沥青珍珠岩、泡沫混凝土、非承重加气混凝土、软木、蛭石制品等
15	纤维材料	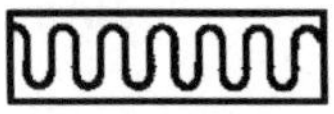	包括矿棉、岩棉、玻璃棉、麻丝、木丝板、纤维板等
16	泡沫塑料材料	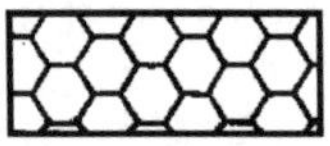	包括聚苯乙烯、聚乙烯、聚氨酯等多孔聚合物类材料
17	木材	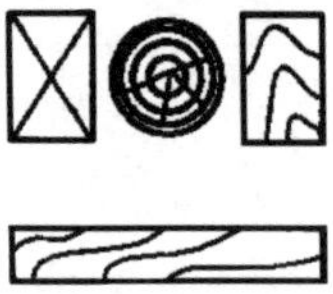	（1）上图为横断面，上左图为垫木、木砖或木龙骨 （2）下图为纵断面
18	胶合板		应注明为×层胶合板

序号	名称	图例	备注
19	石膏板		包括圆孔、方孔石膏板、防水石膏板等
20	金属		(1) 包括各种金属 (2) 图形小时，可涂黑
21	网状材料		(1) 包括金属、塑料网状材料 (2) 应注明具体材料名称
22	液体		应注明具体液体名称
23	玻璃		包括平板玻璃、磨砂玻璃、夹丝玻璃、钢化玻璃、中空玻璃、加层玻璃、镀膜玻璃等
24	橡胶		—
25	塑料		包括各种软、硬塑料及有机玻璃等
26	防水材料		构造层次多或比例大时，采用上面图例
27	粉刷		本图例采用较稀的点

1.1.6 符号

为准确表达图纸设计内容和相关信息，图样中还会用到一些符号，如图 1.1-21 所示，指明朝向的指北针符号、表达位置高度的标高符号，当图纸中

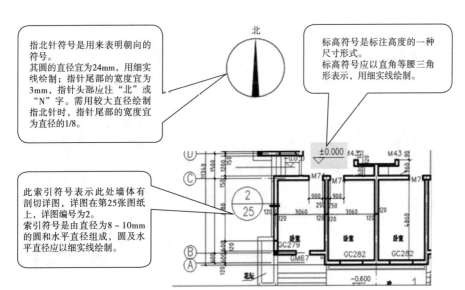

指北针符号是用来表明朝向的符号。
其圆的直径宜为24mm，用细实线绘制；指针尾部的宽度宜为3mm，指针头部应注"北"或"N"字。需用较大直径绘制指北针时，指针尾部的宽度宜为直径的1/8。

标高符号是标注高度的一种尺寸形式。
标高符号应以直角等腰三角形表示，用细实线绘制。

此索引符号表示此处墙体有剖切详图，详图在第25张图纸上，详图编号为2。
索引符号是由直径为8~10mm的圆和水平直径组成，圆及水平直径应以细实线绘制。

图 1.1-21　图样中的符号举例

遇到某一局部或构件需要另见详图时，需注明索引部位的索引符号等。具体符号可见专业图部分内容。

1.2 认知装饰制图的用品工具

1.2.1 图纸

工程图纸分白图纸和硫酸透明纸两种。常用的是白图纸。

图幅即图纸幅面，指图纸的规格大小。建筑工程图纸幅面的基本尺寸规定有五种，其代号分别为 A0、A1、A2、A3 和 A4。图纸幅面尺寸规定如表 1.2-1 所示。

<table>
<tr><td colspan="6" align="center">图纸幅面（单位：mm×mm）　　　　　表1.2-1</td></tr>
<tr><td>尺寸</td><td>A0</td><td>A1</td><td>A2</td><td>A3</td><td>A4</td></tr>
<tr><td>$b×1$</td><td>841×1189</td><td>594×841</td><td>420×594</td><td>297×420</td><td>210×297</td></tr>
</table>

相邻规格图纸之间成 2 倍关系，即 A1 号图幅是 A0 号图幅的对折，A2 号图幅是 A1 号图幅的对折，其余类推，上一号图幅的短边，即是下一号图幅的长边。如图 1.2-1 所示。

建筑工程一个专业所用的图纸大小规格应整齐统一，选用图幅时宜以一种规格为主，尽量避免大小图幅掺杂使用。必要时可采用加长图纸，一般不宜多于两种幅面，目录及表格所采用的 A4 幅面，可不在此限。

图幅布置方式有横式布置、竖式布置两种，如图 1.2-2 所示。常用的是横式布置。

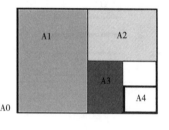

图 1.2-1 图纸关系示意

图 1.2-2 图纸的布置方式
（a）图纸的横式布置；
（b）图纸的竖式布置

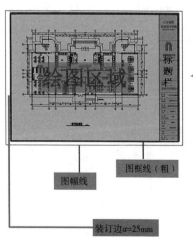

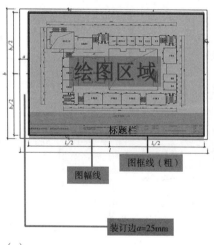

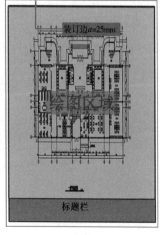

（a）　　　　　　　　　　　　　　　　　　　（b）

其中，为便于成套图纸的装订、查阅、存档等，图纸布置中有必要的标题栏设置，可布置在图框的右侧或下方。

在标题栏中需要表达的信息、格式如图1.2-3所示。

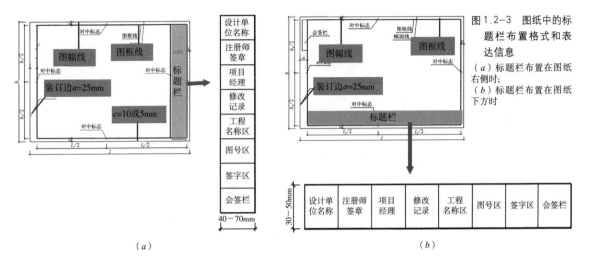

图1.2-3 图纸中的标题栏布置格式和表达信息

（a）标题栏布置在图纸右侧时；
（b）标题栏布置在图纸下方时

1.2.2 图板

图板是画图时用来铺放图纸的木板。如图1.2-4所示。根据大小可分为A0号（900mm×1200mm）、A1号（600mm×900mm）、A2号（450mm×600mm），可根据需要而选定。如，A0号图板适用于画A0号图纸，A1号图板适用于画A1号图纸，A2号图板可用于画A2号图纸、A3号图纸等。

绘图时，图板放在桌面上，以左边为导边绘图，板身宜与水平桌面成10°～15°倾斜。

图板板面必须保持平整，不可用水刷洗和在日光下曝晒。

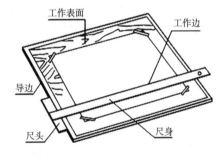

图1.2-4 图纸需固定在图板上绘图

1.2.3 丁字尺

丁字尺由相互垂直的尺头和尺身组成。用时应紧靠图板的左侧——导边。在画同一张图时，尺头不可以在图板的其他边滑动，以避免图板各边不成直角，画出的线不准确。丁字尺的尺身工作边必须平直光滑，不可用丁字尺击物和用刀片沿尺身工作边裁纸。丁字尺用完后，宜竖直挂起来，以避免尺身弯曲变形或折断。

丁字尺主要用于画水平线，并且只能沿尺身上侧画线。作图时，左手把住尺头，使它始终紧靠图板左侧，然后上下移动丁字尺，直至工作边对准要画线的地方，再从左向右画水平线。画较长的水平线时，可把左手滑过来按住尺身，以防止尺尾翘起和尺身摆动（图1.2-5）。

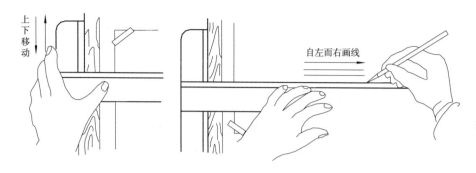

图 1.2-5　上下移动丁字尺及画水平线的手势

1.2.4　三角板

一副三角板有 30°、60°、90° 和 45°、45°、90° 两块。

三角板除了直接用来画直线外，还可以配合丁字尺画铅垂线和画 30°、45°、60° 及 15°×n 的各种斜线。如图 1.2-6 所示。画铅垂线时，先将丁字尺移动到所绘图线的下方，把三角板放在应画线的右方，并使一直角边紧靠丁字尺的工作边，然后移动三角尺，直到另一直角边对准要画线的地方，再用左手按住丁字尺和三角板，自下而上画线。

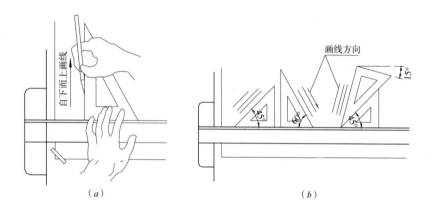

图 1.2-6　用三角尺和丁字尺配合画垂线和各种斜线

1.2.5　铅笔

如图 1.2-7 所示。绘图用的铅笔有各种不同的硬度。标号 B、2B…6B 表示软铅芯，数字越大，表示铅芯越软。标号 H、2H…6H 表示硬铅芯，数字越大，表示铅芯越硬。标号 HB 表示中软。铅笔尖应削成锥形，芯露出 6～8mm。削铅笔时要注意保留有标号的一端，以便始终能识别其软硬度。

绘图铅笔画底稿宜用 H 或 2H，徒手作图可用 HB 或 B，加重直线用 H、HB（细线）、HB（中粗线）、B 或 2B（粗线）。

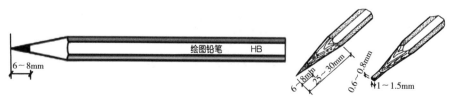

图 1.2-7　绘图铅笔

使用铅笔绘图时，用力要均匀。持笔的姿势要自然，笔尖与尺边距离始终保持一致，线条才能画得平直准确。

1.2.6 圆规

圆规是用来画圆及圆弧的工具，如图1.2-8所示。

直径在10mm以下的圆，一般用点圆规来画。使用时，右手食指按顶部，大拇指和中指按顺时针方向迅速地旋动套管，画出小圆，如图1.2-8（c）所示。需要注意的是，画圆时必须保持针尖垂直于纸面，圆画出后，要先提起套管，然后拿开点圆规。

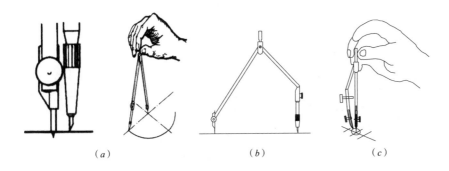

（a）　　　　　　　　（b）　　　　　　　　（c）

图1.2-8　圆规画不同
　大小圆的方法
（a）画一般圆；
（b）画大圆；
（c）画小圆

1.2.7 分规

分规是截量长度和等分线段的工具，它的两个腿必须等长，两针尖合拢时应会合成一点如图1.2-9所示。

用分规等分线段的方法如图1.2-9（b）所示。例如，分线段 AB 为4等分，先凭目测估计，将分规两脚张开，使两针尖的距离大致等于等分距离，然后交替两针尖划弧，在该线段上截取1、2、3、4等分点；假设点4落在 B 点以内，距差为 e，这时可将分规再打开些，再行试分，若仍有差额（也可能超出 AB 线外），则照样再调整两针尖距离（或加或减），直到恰好等分为止。

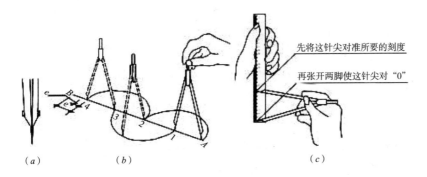

先将这针尖对准所要的刻度

再张开两脚使这针尖对"0"

（a）　　　　　　（b）　　　　　　　　（c）

图1.2-9　分规的使用
（a）针尖应对齐；
（b）用分规等分线段；
（c）用分规截取长度；

1.2.8 比例尺

如图1.2-10所示。常用比例尺有比例直尺和三棱尺两种。

通常比例尺的刻度有：1：100、1：200、1：500、1：250、1：300、1：400六种刻度。

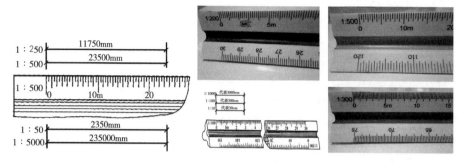

图 1.2-10 比例尺的
使用

1.2.9 其他

如图 1.2-11 所示，曲线板主要用于不规则曲线的光滑连接。

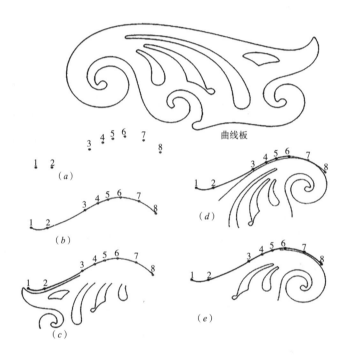

曲线板

图 1.2-11 曲线板的
使用

如图 1.2-12 所示，建筑模板主要用来画各种建筑标准图例、常用符号以及控制字体大小使用。

如图 1.2-13 所示，擦线板或擦图片是利用各种形状的孔洞，准确地擦去错误或多余的线条。

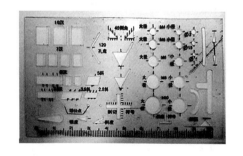

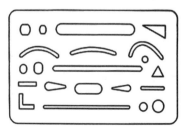

图 1.2-12 用来画各种
建筑标准图例、常用
符号以及控制字体大
小的建筑模板（左）

图 1.2-13 修改错误
用的擦线板（右）

除此之外，还有如图 1.2-14 所示，固定图纸的胶带、削铅笔的小刀、修改图样用的橡皮、磨铅笔用的砂纸、保持图纸清洁的刷子等。

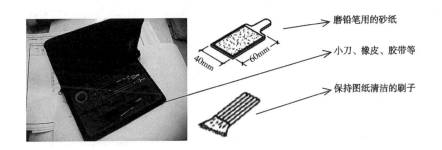

磨铅笔用的砂纸

小刀、橡皮、胶带等

保持图纸清洁的刷子

图 1.2-14 绘图的其他用品

1.3 基本几何作图技能

绘制平面图形时，常用到以下几何作图方法。

1.3.1 等分

(1) 任意等分已知线段

除了用试分法等分已知线段外，还可以采用已知线法。三等分已知线段 AB 的作图方法如图 1.3-1 所示。

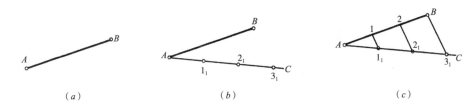

(a)   (b)   (c)

图 1.3-1 等分线段的方法
（a）已知条件；
（b）过点 A 作任一直线 AC，使 $A1_1=1_12_1=2_13_1$；
（c）连接 3_1 与 B，分别由点 2_1、1_1 作 3_1B 的平行线，与 AB 交得等分点 1、2

(2) 等分两平行线之间的距离

三等分平行线 *AB* 和 *CD* 之间的距离的作图方法如图 1.3-2 所示。

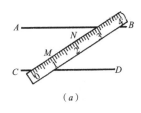
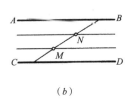
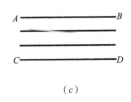

(a)   (b)   (c)

图 1.3-2 等分两平行线间的距离
（a）使直尺刻度线上的 0 点落在 CD 线上，转动直尺，使尺上的 3 点落在 AB 线上，取等分点 M、N；
（b）过 M、N 点分别作已知直线段 AB、CD 的平行线；
（c）清理图面，加深图线，即得所求的三等分 AB 与 CD 之间的距离的平行线

1.3.2 正多边形的绘制

(1) 正六边形的画法

方法一：利用三角板与丁字尺配合，可以很方便地作出圆的六等分，如图 1.3-3 所示。

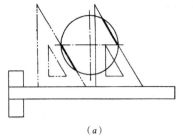
(a)

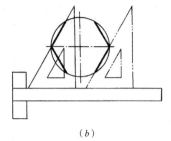
(b)

(c)

图1.3-3 作正六边形
（a）以60°三角板紧靠丁字尺，分别过水平中心线与圆周的两个交点作60°斜线；
（b）翻转三角板，同样作出另两条60°斜线；
（c）过60°斜线与圆周的交点，分别作上、下两条水平线。清理图面，加深图线，即为所求

方法二：分别以 A、D 为圆心，原圆半径 R 为半径画弧，截圆于 B、C、E、F，即得圆周六等分点，如图 1.3-4 所示。

（2）正五边形的画法

如图 1.3-5 所示。

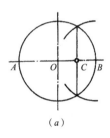
(a)

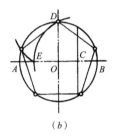
(b)

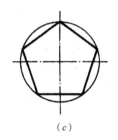
(c)

图1.3-4 利用圆规六等分圆周后连接

图1.3-5 作正五边形
（a）取半径OB的中点C；
（b）以C为圆心，CD为半径作弧，交OA于E，以DE长在圆周上截得各等分点，连接各等分点；
（c）清理图面，加深图线，即为所求

1.3.3　圆弧连接

使直线与圆弧相切或圆弧与圆弧相切来光滑连接图线，称为圆弧连接，常见的连接形式有：

直线间的圆弧连接、圆弧与直线连接、圆弧与圆弧连接等。

作图关键点：为保证连接光滑，必须准确地求出连接弧的圆心和切点的位置。

（1）直线间的圆弧连接

如 1.3-6 所示。用半径为 R 的圆弧连接两已知直线 AB 和 BC。

作图步骤：

1）求圆心：分别作与两已知直线 AB、BC 相距为 R 的平行线，得交点 O，即半径为 R 的连接弧的圆心；

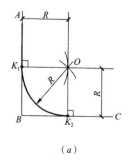
(a)

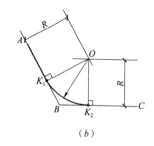
(b)

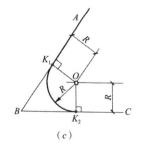
(c)

图1.3-6 用圆弧连接两已知直线
（a）成直角时；
（b）成钝角时；
（c）成锐角时

2）求切点：自点 O 分别向 AB 及 BC 作垂线，得垂足 K_1 和 K_2 即为切点；

3）画连接弧：以 O 为圆心，R 为半径，自点 K_1 至 K_2 画圆弧，即完成作图。

（2）圆弧与直线连接

如图 1.3—7 所示，用半径为 R 的圆弧连接已知直线 AB 和圆弧（半径 R_1）。

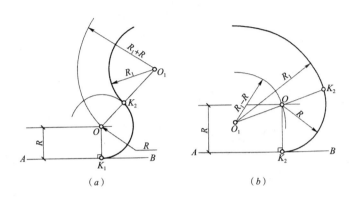

（a）　　　　　　　　（b）

图 1.3—7　用圆弧连接
　　已知直线和圆弧
（a）外切时；
（b）内切时

作图步骤：

1）求圆心：作与已知直线 AB 相距为 R 的平行线；再以已知圆弧（半径 R_1）的圆心为圆心，$R_1 + R$（外切时）或 $R_1 - R$（内切时）为半径画弧，此弧与所作平行线的交点 O，即半径为 R 的连接弧的圆心；

2）求切点：自圆心 O 向 AB 作垂线，得垂足 K_1；再作两圆心连线 OO_1（外切时）或两圆心连线 OO_1 的延长线（内切时），与已知圆弧（半径 R_1）相交于点 K_2，则 K_1、K_2 即为切点；

3）画连接圆弧：以 O 为圆心，R 为半径，自点 K_1 至 K_2 画圆弧，即完成作图。

（3）圆弧与圆弧连接

如图 1.3—8 所示。用半径为 R 的圆弧连接两已知圆弧（半径分别为 R_1、R_2）。

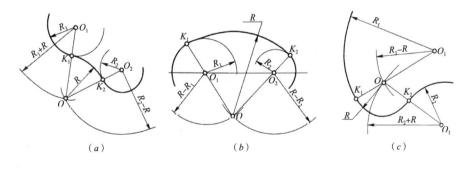

（a）　　　　　　　（b）　　　　　　　（c）

图 1.3—8　用圆弧连接
　　两已知圆弧
（a）外切时；
（b）内切时；
（c）内、外切时

作图步骤：

1）求圆心：分别以 O_1、O_2 为圆心，$R_1 + R$ 和 $R_2 + R$（外切时）、$R - R_1$ 和 $R - R_2$（内切时），或 $R_1 - R$ 和 $R_2 + R$（内、外切时）为半径画弧，得交点 O，即半径为 R 的连接弧的圆心；

2）求切点：作两圆心连线 $O_1 O$、$O_2 O$ 或它们的延长线，与两已知圆弧（半径 R_1、R_2）分别交于点 K_1、K_2，则 K_1、K_2 即为切点；

3）画连接弧：以 O 为圆心，R 为半径，自点 K_1 至 K_2 画圆弧，即完成作图。

1.3.4 椭圆的近似画法

椭圆画法较多，已知椭圆的长短轴（或共轭轴），可以用四心圆法作近似椭圆，称为四心圆法；也可以用同心圆法作椭圆，称为同心圆法。如图 1.3—9 所示。

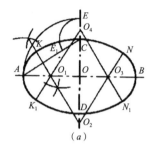
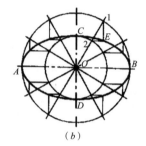

（ *a* ）　　　　　　　　（ *b* ）

图 1.3—9　椭圆的画法
（ *a* ）四心圆法作近似椭圆；
（ *b* ）同心圆法作椭圆

（1）四心圆法作图方法：

1）画长短轴 AB、CD，连接 AC，并取 $CF=OA-OC$（长短轴差）；

2）作 AF 的中垂线与长、短轴上交于两点 1、2，在轴上取对称点 3、4 得四个圆心；

3）连接 O_1O_2、O_2O_3、O_3O_4、O_4O_1 并适当延长；

4）分别以 O_1、O_2、O_3、O_4 为圆心，以 O_1A、O_2C、O_3B、O_4D 为半径，顺序作四段相连圆弧（两大两小四个切点在有关圆心连线上），即为所求。

（2）同心圆法作图方法：

即以长轴和短轴的同心圆上的八个等分点为基础，水平和垂直划线后的交点连接而成。

1.3.5 徒手作图

徒手作图是表达构思草拟方案、现场参观记录以及创作交流的快速表达方式。不受场地和工具种类的限制，一般有笔有纸就可以进行，非常方便。

徒手作图时的握笔姿势需放松自然，眼睛需在大范围内观察终点前进，以掌握运笔方向。如图 1.3—10 所示。

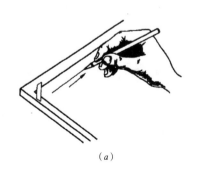
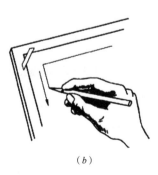

（ *a* ）　　　　　　　　（ *b* ）

图 1.3—10　徒手作图
握笔示意
（ *a* ）徒手画水平线；
（ *b* ）徒手画竖直线

常见的斜线和圆徒手作图方法如图 1.3-11、图 1.3-12 所示。

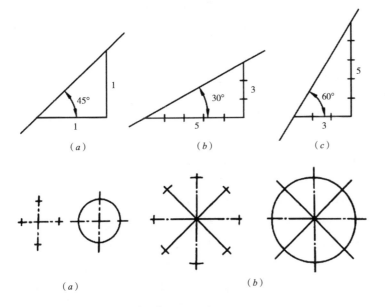

图 1.3-11 徒手作特殊角度斜线的方法
（a）45°；
（b）30°；
（c）60°

图 1.3-12 徒手作圆的方法
（a）徒手画小圆方法；
（b）徒手画大圆方法

1.4 绘图基本步骤与方法

绘制一幅完整的图样分为 3 个阶段进行。即①准备阶段②绘制底稿阶段③图样整理加深阶段。各阶段具体步骤方法操作如下：

1.4.1 绘图前的准备工作

1）准备好绘图用的图纸和绘图工具仪器等。

2）根据图样尺寸和比例要求，选好图幅；在图板上合理安放、固定图纸。如图 1.4-1 所示，可利用丁字尺刻度边缘与图纸下面的图幅边缘或框线

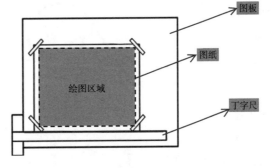

图 1.4-1 图纸的安放、固定示意

对齐的方法，保证图纸在图板上的横平竖直后，用透明胶带固定图纸。

3）熟悉图样内容，按比例计算图形所占面积大小，落笔之前心中有数，做到布图均匀合理。即根据绘图比例预先估计各图形的大小及预留尺寸线的位置，将图形均匀、整齐地安排在图纸上，避免某部分太紧凑或某部分过于宽松。

4）为保持图面整洁，画图前应洗手。

1.4.2 绘图过程中的底稿绘制

该阶段的目的是确定图样在图纸上的确切位置，所以不分线型和粗细，全部用 2H 或 H 铅笔轻画完成。

作图时，一般是由图样观察分析后，先画图形的轴线、中心线、对称线、底

边线、左右边线等基准线，再根据图线之间的几何关系依次画图形的主要轮廓线，然后画细部；对于图线，是先曲后直、先细后粗、先点画后轮廓、先平后竖进行。

直线部分要用铅笔配合丁字尺、三角板等完成；曲线部分则由圆规、分规、曲线板等实现。

1.4.3 图样的整理加深

该阶段是表现作图技巧、提高作图质量的重要阶段。故应认真、细致、一丝不苟。

底稿经查对无误后进行加深、整理图线，完成图样。即在加深图线前，要认真校对底稿，利用擦线板上各种形状的孔洞，准确地擦去错误或多余的线条。图形完善后，再按图线规定要求画尺寸线、尺寸界线以及相关符号等。

加深原则是先曲后直、先细后粗；从左至右，从上到下。

加深图线应做到线型正确、粗细分明，图线与图线的连接要均匀光滑、准确，图面要整洁。一般用2B铅笔加深粗线，用B铅笔加深中粗线，用HB铅笔加深中线、写字和画箭头，用2H或H加深细线。对于字体、图例符号等部分用建筑模板比较方便。

加深圆时，圆规的铅芯应比画直线的铅芯软一级。用铅笔加深图线用力要均匀，边画边转动铅笔，使粗线均匀地分布在底稿线的两侧，如图1.4-2所示。

图1.4-2　加深的粗线
与底稿线的关系

加深图线的具体步骤如下：

1）加深所有的点划线；

2）加深所有粗实线的曲线、圆及圆弧；

3）用丁字尺从图的上方开始，依次向下加深所有水平方向的粗实直线；

4）用三角板配合丁字尺从图的左方开始，依次向右加深所有的铅垂方向的粗实直线；

5）从图的左上方开始，依次加深所有倾斜的粗实线；

6）按照加深粗实线同样的步骤加深所有的虚线曲线、圆和圆弧，然后加深水平的、铅垂的和倾斜的虚线；

7）按照加深粗线的同样步骤加深所有的中实线；

8）加深所有的细实线、折断线、波浪线等；

9）画尺寸起止符号或箭头；

10）加深图框、图标；

11）注写尺寸数字、文字说明，并填写标题栏。

完成后的图样应达到以下要求：

1）图面整洁、美观；

2）图线粗细均匀合理，连接光滑顺畅；

3）字体大小位置规范合理；

4）尺寸标注位置规范合理。

最后，去掉透明胶带，从图板上取下图纸，完成作图。

【在线课堂】

1. 图纸中的图线（二维码 1-1）

2. 尺寸标注（二维码 1-2）

3. 图纸的布置（二维码 1-3）

二维码 1-1

二维码 1-2

二维码 1-3

【课后实训】

一、请按要求用 A3 图纸抄绘如图所示内容。

要求：

1. 比例：自定。

2. 图线：图线粗细合理分明。

3. 字体：汉字用长仿宋字体。材料图名用 5 号字；尺寸数字均用 3 号字。

4. 尺寸：标注规范，字体端正。

5. 图面：布置均匀合理、整洁美观。

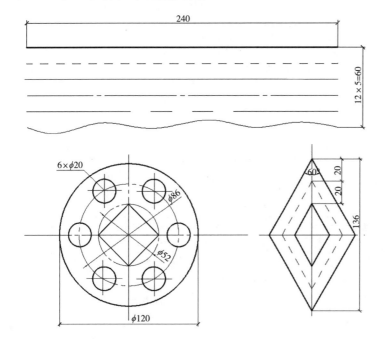

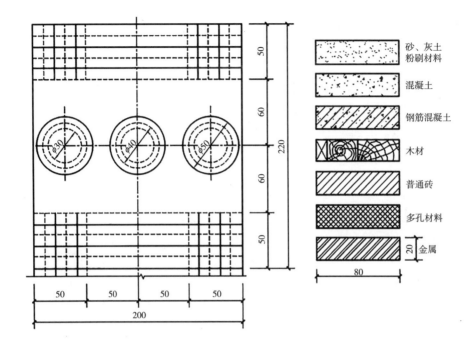

砂、灰土粉刷材料

混凝土

钢筋混凝土

木材

普通砖

多孔材料

金属

二、练习工程字

要求：数量若干，由教师指定。

1. 笔画顺序正确，符合长仿宋体特点要求。

2. 按格子书写。

工	业	民	用	建	筑	厂	房	屋	平	立	剖	面	详	图
结	构	施	说	明	比	例	尺	寸	长	宽	高	厚	砖	瓦
木	石	土	砂	浆	水	泥	钢	筋	混	凝	截	校	核	梯
门	窗	基	础	地	层	楼	板	梁	柱	墙	厕	浴	标	号
制	审	定	日	期	一	二	三	四	五	六	七	八	九	十

【课后实训评价标准】

优秀 (90~100)	不需要他人指导，图形大小比例正确、布局合理、图面清晰整洁，图线粗细合理、均匀、线线相交和接头正确，尺寸线、尺寸界线、尺寸数字清晰、正确，尺寸标注符合国家标准要求，数字和文字能用长仿宋体，字体工整、笔画清楚、间隔均匀、排列整齐，作图迅速，并能指导他人完成任务
良好 (80~89)	不需要他人指导，图形大小比例正确、布局合理、图面清晰整洁，线线相交无误，字迹清晰，能用长仿宋字体，尺寸标注正确，图面整洁，作图比较迅速
中等 (70~79)	在他人指导下，图形大小合适、比例正确、布局合理、图面清晰整洁，错误较少，字迹清晰，能用长仿宋字体，尺寸标注正确，图面整洁
及格 (60~69)	在他人指导下，能画完图形，线线相交和尺寸标注错误较少，能用长仿宋字体、字迹清晰

2

由三维立体绘制二维
平面投影图

【知识与技能】

2.1　由三维立体绘制二维平面投影图的准备

2.1.1　认知投影法及工程应用

在日常生活中的影子现象中，二维平面的影子是可以或多或少反映实际三维空间物体的形状与大小的。如图 2.1-1 所示。人们由影子现象总结出在二维平面图纸上表达三维空间物体的基本方法，称作投影法。如图 2.1-2 所示，投影法是绘制工程图样的基础。

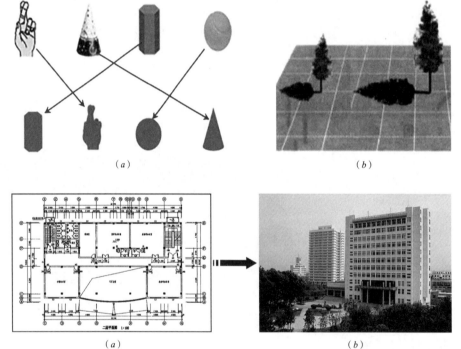

图 2.1-1　日常生活中的影子现象
（a）影子呈现出空间物体的形状特征；
（b）影子呈现出空间物体的大小特征

图 2.1-2　投影法是绘制建筑工程图样的基础
（a）建筑工程图样；
（b）建筑工程实物

如图 2.1-3 所示，利用投影法作图时，相关术语有投射线、物体、投影面、投影等，可对照影子现象中的光线、物体、投影面、影子来理解，但投影法作图与影子现象又有区别。具体表现为：

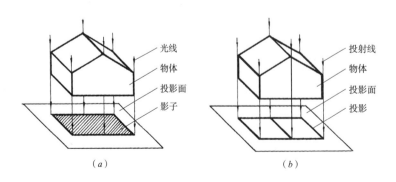

（a）　　　　　　　　　　（b）

图 2.1-3　投影法作图与影子现象之间的联系与区别
（a）影子；
（b）投影

1）我们称看不见的光线为投射线，地面或墙面为投影面，影子为物体在投影面上的投影。根据投影法所得到的图形称为投影图，常简称为投影。但投射线毕竟不同于光线，投射线是假想的，是具备穿透性的。因此，利用投影作图时，必须把形体轮廓线表达出来。

2）当投射线与投影面保持垂直时，投影图可以反映实际尺寸，有利于作图。

在实际工程中，我们可以根据投影法原理在图纸上绘制不同的图样，以满足不同的需要。

如图 2.1-4 所示，是手绘的某建筑外观效果图和某房间内部效果图，似照片一样形象逼真，体现出近大远小，具有丰富的立体感，与人的视觉习惯相符，容易看懂，与人沟通比较方便。但此类效果图作图比较麻烦，且度量性差，无法从图中获取工程尺寸，是不能作为施工依据的。此类效果图的绘制原理是中心投影法。如图 2.1-5 所示，中心投影法是将空间形体投射到单一投影面上得到图形的作图方法。此时，所有投射线从同一投射中心出发，S 为投射中心，△ABC（大写）表示空间物体，△abc（小写）表示在投影面上的投影。当物体位置发生改变时，其对应的投影大小会随之发生改变。因此，利用中心投影法作出的效果图是不可以度量的。

（a）

（b）

图 2.1-4 建筑内外效果图举例（左）
（a）建筑外观效果图；
（b）建筑内部效果图

图 2.1-5 中心投影法示意（右）

如图 2.1-6 所示，是某些物体的三维直观立体图。和效果图对比，此类图一样呈现物体的立体感，但又有所不同，不呈现近大远小，我们把这种直观立体图称为轴测图。轴测图是根据平行投影法绘制的单面投影，常用来绘制工程中的辅助图样。如图 2.1-7 所示，平行投影法的投射线呈互相平行的特点。根据投射线与投影面是否垂直，可分为正投影法和斜投影法。当投射线垂直于投影面时，是正投影法；当投射线倾斜于投影面时，是斜投影法。当物体位置发生改变时，其对应的平行投影大小是不会随之发生改变的，有一定度量性。

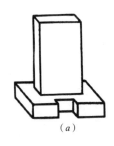
（a）

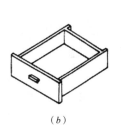
（b）

（c）

图 2.1-6 轴测图举例

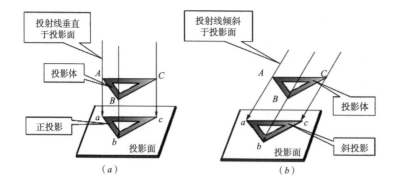

图 2.1-7 平行投影法
示意
（a）正投影法；
（b）斜投影法

在平行投影法中，利用正投影法作图时，其得到的正投影图可以准确地反映空间物体的大小和形状，且作图简便，度量性好，所以正投影法在工程中得到广泛的采用。如图 2.1-8 所示。建筑工程图样以及表达地形地貌的等高线图（标高投影）就是采用正投影法绘制的。但正投影的直观性较差，需要经过训练才能读懂，且要反映三维实物整体状况时，需要绘制多面投影图才能实现。

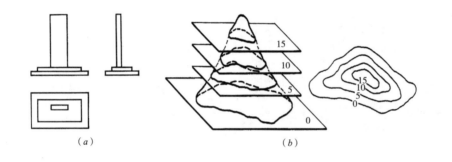

图 2.1-8 正投影法的
应用
（a）正投影的应用——工程中的多面正投影；
（b）正投影的应用——标高投影

为便于利用正投影法作图或读图，需要结合图 2.1-9 ~ 图 2.1-12 熟悉并理解正投影的基本特性：

（1）从属性

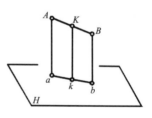

图 2.1-9 正投影的从
属性

如图 2.1-9 所示，主要是针对两个几何元素来讲的。空间点属于直线，则点投影从属于直线投影；空间点属于平面，则点投影从属于平面投影；空间直线属于平面，则直线投影从属于平面投影。反之，则不成立。

（2）类似性

点的投影仍是点；直线倾斜于投影面时其投影仍是直线，但长度缩短；平面倾斜于投影面时其投影为平面的类似形，图形面积缩小。如图 2.1-10 所示阴影部分。

[注意]类似形不是相似形，图形最基本的特征不变。如多边形（六边形）的投影仍为多边形，且物体有平行的对应边，其投影的对应边仍互相平行。

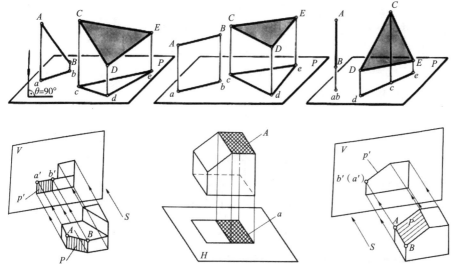

图 2.1-10 类似性(左)
图 2.1-11 实形性(中)
图 2.1-12 积聚性(右)

（3）实形性（全等性）

即当直线平行于投影面时其投影反映实长；平面平行于投影面时其投影反映实形。如图 2.1-11 所示阴影部分。

（4）积聚性

即直线垂直于投影面时其投影积聚为一点；平面垂直于投影面时其投影积聚为直线。如图 2.1-12 所示阴影部分。

由平面和直线的投影特点可以看出：当平面和直线平行于投影面时，其投影图具有实形性。因此，我们在画物体的投影图时，为了使投影能够准确反映物体表面的真实形状，并使画图简便，应该让物体上尽可能多的平面和直线平行或垂直于投影面。

2.1.2 三面投影图的形成

如图 2.1-13 所示。不同空间形状的形体，在同一投影面的投影却是相同的；反之，投影图对应的空间形体可能是 A、可能是 B、可能是 C、可能是 D、可能是 E。即仅有一个投影图是不能确定出空间物体的形状和大小的。同理，

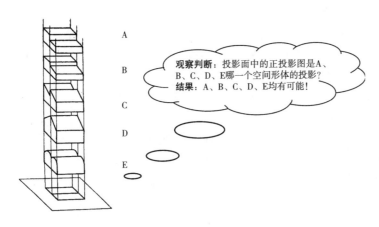

观察判断：投影面中的正投影图是A、B、C、D、E哪一个空间形体的投影？
结果：A、B、C、D、E均有可能！

图 2.1-13 一个投影图是不能确定出空间物体的形状和大小的

假如增加从前向后投射的正投影，不同空间形状的物体 A、C、D，在同一投影面的投影也是相同的。即两个正投影也是不能确定其空间物体的形状和大小的。所以，为了在二维图纸平面上完整、准确地表达三维空间形体的形状和大小，通常需要用三面投影图来绘制图样，而对于较为复杂的形体，则用多面投影图来绘制图样。如图 2.1—14 所示。

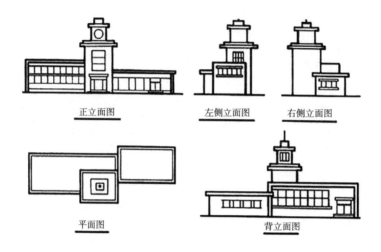

正立面图　　　　　左侧立面图　　　右侧立面图

平面图　　　　　　　　　　　　背立面图

图 2.1—14　多面投影图表达某建筑工程举例

三面投影图的形成，其实是一个假想的过程。

假想第一步：建立一个三面投影体系。

如图 2.1—15 所示。由三个两两互相垂直的平面构成的体系称为三面投影体系。我们可以通过观察教室的右前方墙角来进行理解。其中，正对着人的竖直面称为正立投影面，简称正面或 V 面；和地面水平的平面称为水平投影面，简称水平面或 H 面；剩余的竖直面称为侧立投影面，简称侧面或 W 面。两两相交平面产生的交线 OX、OY、OZ 称为投影轴，简称 X 轴、Y 轴、Z 轴，三轴的交点 O 称为投影原点。

假想第二步：放置形体。

即假想将某空间形体放置在假想好的三面投影体系中。放置原则：

1) 尽可能多的平面与某一投影面平行；

2) 符合正常或自然使用状态。

比如，一本书的放置，根据书本身既是直四棱柱、又是长方体的特点，有平放、长边立放、短边立放等多种放置状态；但在正常使用状态下，应采用平放状态比较合适。而对于建筑中的柱子，则以常见的端面在上下放置进行。

假想第三步：分别向投影面作正投影。

如图 2.1—16 所示，按照"人—形体—投影平面"的顺序，分别向 V 面、H 面、W 面作正投影。即从前向后垂直于 V 面投射作形体轮廓线的投影；从上向下垂直于 H 面投射作形体轮廓线的投影；从左向右垂直于 W 面投射作形体轮廓线的投影。

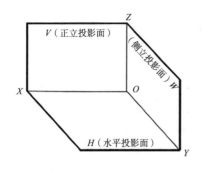
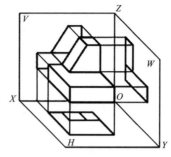

图 2.1-15 三面投影
图体系的建立（左）
图 2.1-16 放置形体
并作正投影（右）

假想第四步：旋转展开。

如图 2.1-17 所示。为了使三个投影图能画在平面的一张纸上，并具有可度量性，规定正立投影面及其投影图保持不动；把水平投影面及其投影图一起绕 OX 轴向下旋转 90°，把侧立投影面及其投影图一起绕 OZ 轴向右旋转 90°，展开后的三个投影图即可在同一个平面上。我们将展开后在同一个平面上的三个投影图，称之为三面投影图。分别称之为正面投影、水平投影、侧面投影。展开后的三面投影如图 2.1-18 所示。以正面投影图为准，水平投影图在正面投影图的正下方，侧面投影图在正面投影图的正右方，三面投影图的名称不必标出。为了简化作图，在三面投影图中可不画投影面的边框线，投影图之间的距离可根据具体情况确定。如图 2.1-19 所示。

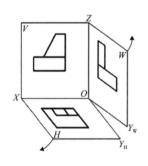
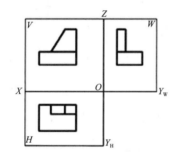
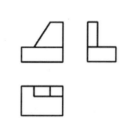

图 2.1-17 V 不 动，
将其他两个投影旋
转展开和 V 同一个
平面（左）
图 2.1-18 展开后的
三面投影图（中）
图 2.1-19 去掉投影
面边框后的三面投
影图（右）

2.1.3 三面投影图的关系

如图 2.1-20 和图 2.1-21。在三面投影图中，每个投影图都反映物体两个方向的尺寸：正面投影图反映物体的上下和左右尺寸，水平投影图反映物体的前后和左右尺寸，侧面投影图反映物体的前后和上下尺寸。

因为是表示同一位置的物体，三面投影图之间的尺寸存在以下对应"三等关系"：正面投影与水平投影"长对正"，即左右尺度对应；正面投影与侧面投影"高平齐"，即上下尺度对应；水平投影与侧面投影"宽相等"，即前后尺度对应。

注意：

1）整体和局部都存在对应的"三等关系"；

2）三面投影图之间的"三等关系"是绘图和读图的基础；

3）点、线、面等几何元素的三面投影也是遵循三等关系规律的。

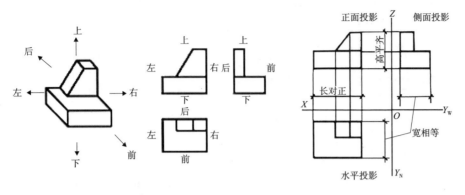

图 2.1-20 三面投影图的方位尺寸对应关系（左）

图 2.1-21 三面投影图的尺寸对应关系（右）

2.2 三面投影图的绘制

2.2.1 三面投影图的绘制步骤和方法

如图 2.2-1 所示。

绘图第一步：根据比例估算出投影图所占面积大小，用 2H 铅笔在合适的位置先画出水平和垂直十字相交线，表示投影轴，确定三面投影图的位置，如图 2.2-1（a）所示。

绘图第二步：用 2H 先绘制最能够反映形体特征的投影图，可以是 V 面投影，也可以是 H 面投影，还可以是 W 面投影，根据具体情况而定。很多时候是先绘制 H 面投影或 V 面投影。如图 2.2-1（b）所示。

绘图第三步：根据"三等关系"中的"长对正"，V 面和 H 面投影的各相应部分用 2H 画铅垂线对正绘制，如图 2.2-1（c）所示。

绘图第四步：根据"三等关系"中的"高平齐"，V 面和 W 面投影的各相应部分用 2H 画水平线拉齐绘制；根据"三等关系"中的"宽相等"，常常通过原点 O，作 45° 角平分线的方法保证 H 面和 W 面投影宽度相等。如图 2.2-1（d）所示。除此之外，也可以采用①用圆弧的方法，②作 45° 斜线的方法，③直接测量的方法。如图 2.2-2 所示。

绘图第五步：校核图线无误后，将投影线加深，与作图过程中的辅助线区分。其中，可见的形体投影线用实线，不可见的形体投影线用虚线。

图 2.2-1 三面投影图的绘制步骤与方法

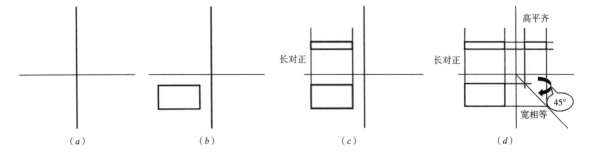

（a）　　　　　　（b）　　　　　　（c）　　　　　　（d）

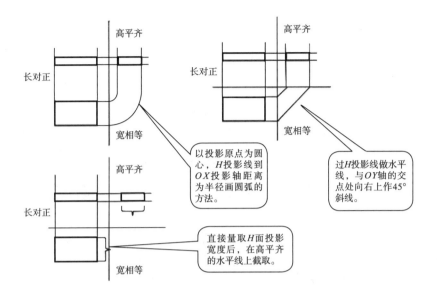

图 2.2-2 保证 W 面
投影与 H 面投影"宽
相等"的方法

2.2.2 基本形体的三面投影图

基本形体的三面投影图绘制是绘制复杂形体投影图的基础。基本形体主要有平面立体和曲面立体两类：

1）平面立体，表面由若干平面围成。常见的平面立体有棱柱、棱锥、棱台等，如图 2.2-3 所示。

2）曲面立体，表面由曲面围成或由平面和曲面围成。常见的曲面立体有圆柱、圆锥、圆台、球体等，如图 2.2-4 所示。

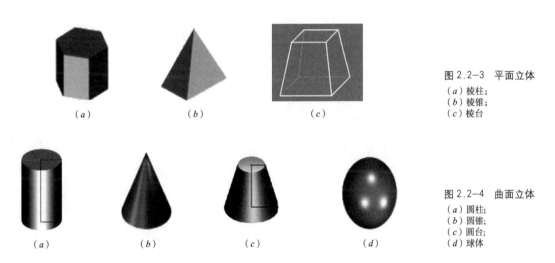

图 2.2-3 平面立体
（ a ）棱柱；
（ b ）棱锥；
（ c ）棱台

图 2.2-4 曲面立体
（ a ）圆柱；
（ b ）圆锥；
（ c ）圆台；
（ d ）球体

（1）平面立体的三面投影绘制

因为平面立体的表面是由若干平面围成的，表面的平面又是由若干棱线围合成的，所以平面立体的三面投影绘制实质就是作出立体上所有棱线的投影。

以竖直放置的某直四棱柱为例，平面立体的三面投影绘制过程如图 2.2-5 所示。

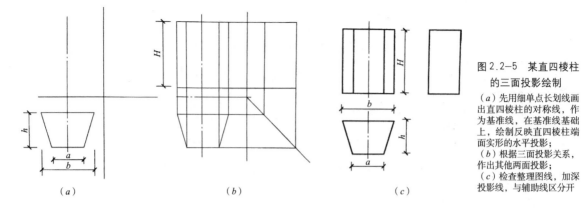

图 2.2-5 某直四棱柱
的三面投影绘制
（a）先用细单点长划线画
出直四棱柱的对称线，作
为基准线，在基准线基础
上，绘制反映直四棱柱端
面实形的水平投影；
（b）根据三面投影关系，
作出其他两面投影；
（c）检查整理图线，加深
投影线，与辅助线区分开

作图过程中需要注意：

1）可见棱线的投影线画成加深的实线，而不可见棱线的投影线画成虚线。

2）当可见棱线的投影线与不可见棱线的投影线相重合时，则画成实线。

3）对于有对称特点的立体，用对称线作为基准线进行绘图，便于准确定位。

（2）曲面立体的三面投影绘制

因为曲面立体表面是曲面，不存在棱线，所以曲面立体的轮廓分界定位不像平面立体那样方便。为准确定位，要先用细的单点长划线作出曲面立体的中心线和轴线的投影以便于投影的定位。

以常见状态放置的某圆锥为例，曲面立体的三面投影绘制过程如图 2.2-6 所示。

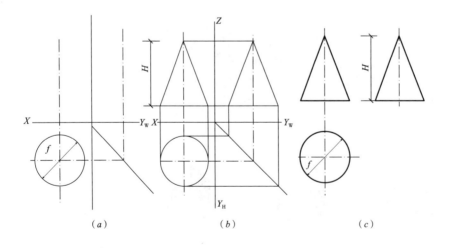

图 2.2-6 某圆锥的三
面投影绘制
（a）先用细单点长划线画
出圆锥的轴线投影和圆锥
底圆的中心定位线，在中
心定位线的投影基础上，
绘制底圆的投影；
（b）根据三面投影关系，
作出其他两面投影；
（c）检查整理图线，加深
投影线，与辅助线区分开

2.2.3 组合体的三面投影图绘制

任何复杂形体都是由基本形体组合而成的。如图 2.2-7 所示。组合的方式有：叠加、切割、混合等。因此，复杂形体也称为组合体。

复杂形体的投影图绘制实质是作出其组合的各基本形体的三面投影，但基本形体在组合过程中的连接关系会影响组合体投影线的绘制。各基本形体在组合过程中相互之间的连接关系有：①共面、②不共面、③相切、④相交四种

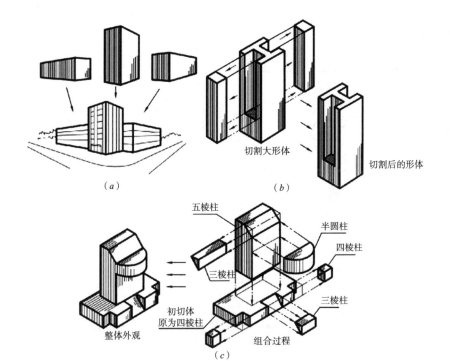

切割大形体　切割后的形体

（a）　　（b）

五棱柱　半圆柱　四棱柱

三棱柱　三棱柱

整体外观　初切体原为四棱柱　组合过程

（c）

图 2.2-7　复杂形体的组合方式举例
（a）叠加式组合体；
（b）切割式组合体；
（c）混合式组合体

情况。针对不同的连接关系，在作图中有的需要画线表达；有的不需要画线表达。具体如下：

1）叠加类组合体在平齐（共面）时，不画投影线；不平齐（不共面）则要画投影线。如图 2.2-8（a）（b）所示。

2）两形体叠加时表面相切处不画投影线；相交时则要画投影线。如图 2.2-8（c）（d）所示。切割、穿孔时则要画出截交线的投影线。如图 2.2-8（e）所示。相贯时画出相贯线的投影线。如图 2.2-8（f）所示。

针对组合体在组合过程中各基本形体连接关系的复杂性，组合体的投影图绘制分为两个阶段进行：准备阶段和绘图阶段。如图 2.2-9 所示。

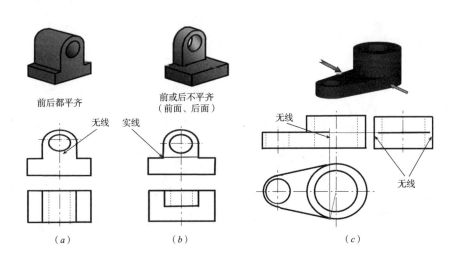

前后都平齐　前或后不平齐（前面、后面）

无线　实线　无线

无线

（a）　　（b）　　（c）

图 2.2-8　基本形体在组合过程中的连接关系会影响组合体投影线的绘制举例
（a）共面时不画投影线；
（b）不共面时要画投影线；
（c）相切处不画投影线

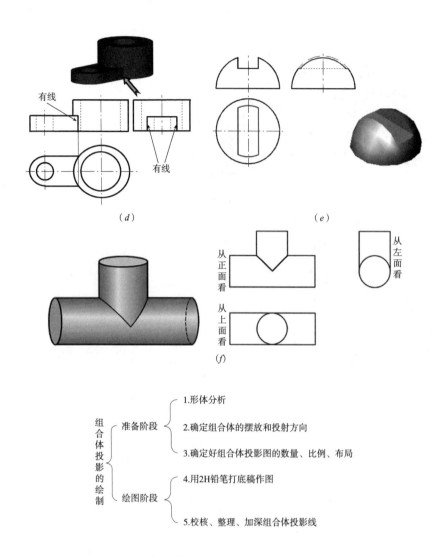

有线

有线

(d)

(e)

从正面看

从上面看

从左面看

(f)

图 2.2-8 基本形体在组合过程中的连接关系会影响组合体投影线的绘制举例（续）

（d）相交时要画投影线；
（e）切割、穿孔时要画出截交线的投影线；
（f）相贯时画出相贯线的投影线

组合体投影的绘制
准备阶段
1.形体分析
2.确定组合体的摆放和投射方向
3.确定好组合体投影图的数量、比例、布局

绘图阶段
4.用2H铅笔打底稿作图
5.校核、整理、加深组合体投影线

图 2.2-9 组合体的投影图绘制流程示意

以图 2.2-10（a）中台阶的三面投影绘制为例，具体绘制步骤与方法如下：

第一阶段——绘图之前的准备阶段

准备阶段第一步：对复杂形体进行形体分析。

即分析①该复杂形体由哪些基本形体组合而成？②组合方式是什么？③各基本形体相对位置和相互关系如何？连接表面是共面、不共面、相切还是相交？④整体是否对称？⑤组合体的前后、左右、上下等六个方面哪个面最能显示形体特征？

图 2.2-10 中，台阶呈现左右对称的特点，是由 5 个基本形体叠加和切割而成的，全部为平面立体。其

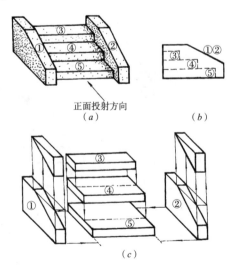

正面投射方向

(a)

(b)

(c)

图 2.2-10 台阶的形体分析

（a）直观图；
（b）形体组合图；
（c）基本几何形体分解

中，中间是三块长度和高度相同、宽度不同的四棱柱③、④、⑤，对齐后叠放形成台阶，左右两边是由长方体截切的五棱柱①和②，它们紧靠台阶而形成栏板。

准备阶段第二步：确定组合体的摆放和投射方向。

在用投影图表达物体的形状大小时，物体的安放位置及投影方向对物体的图样表达清晰程度有明显影响。因此，要确定好组合体的摆放位置。一般来说，应考虑以下原则：

1) 符合正常自然使用状态，正面投影能较明显地反映物体的形状特征和各部分的对应关系；

2) 尽量减少虚线；

3) 图纸利用较为合理。即在满足 1)、2) 原则下，一般将物体的长度方向沿 OX 投影轴布置对图纸利用是较为有利的。如图 2.2-11 所示，(b) 较 (a) 合理。

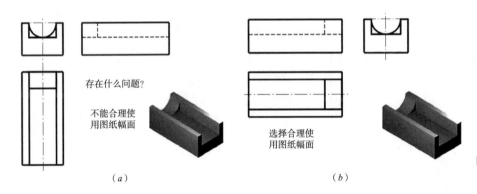

存在什么问题?

不能合理使用图纸幅面

(a)

选择合理使用图纸幅面

(b)

图 2.2-11　组合体摆放和投射方向举例

图 2.2-10 中，台阶的位置为自然使用状态的最好摆放位置，正面能反映台阶形体的特征。组合体的底面一般取与水平投影面（大地）平齐。

准备阶段第三步：确定好组合体投影图的数量、比例、布局。

即根据物体的大小和复杂程度，以清晰表达出图样为目的，确定好图样的比例、数量和图幅，并妥善布局。对于一般的三面投影图来讲，即按照三面投影图的形成，根据比例，估算好三面投影图占用的图纸面积大小，适当安排好组合体三面投影图的位置，布局均匀。

第二阶段——作图阶段

作图阶段第一步：用 2H 铅笔打底稿作图。作图过程如图 2.2-12 (a) (b) (c) 所示。

按照"长对正、高平齐、宽相等"三等关系，在作图过程中一般按先画大形体后画小形体，先画曲面体后画平面体，先画实体后画空腔的次序进行。对于每个组成部分，应先画反映形状特征的投影，再画其他投影。要特别注意各部分的组合相对位置关系（前后、左右、上下）和表面连接关系（共面、不共面、相切、相交）的投影处理。如果是对称图形，先作出对称线。

作图阶段第二步:校核、整理、加深组合体投影线。如图 2.2–12 (d) 所示。

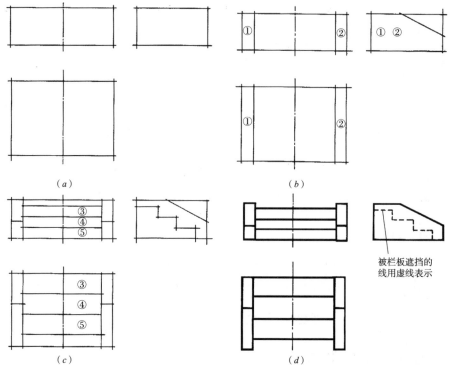

(a)

(b)

被栏板遮挡的
线用虚线表示

(c)

(d)

图 2.2–12 台阶的三
面投影图的绘制步骤
(a)画出对称轴线或中
心线,根据总长、总高、
总宽画出组合体的最外轮
廓线;
(b)逐个画出台阶形体
内各基本形体的投影图。
先画两侧栏板;
(c)画出中部台阶线;
(d)加深图线,擦去多
余的线,即所求

【在线课堂】

三视图的绘制（二维码2）

二维码2

【课后实训】

1. 观察生活中某些用品如六棱柱状的螺丝、茶杯、篮球、书本等,并尝试绘制其三面投影图。比例自定,不少于三种生活用品。

2. 观察生活中某些家具设施形体（如桌子、椅子、床、衣柜等）,并尝试绘制其三面投影图。比例自定,至少一种家具设施形体。

3. 思考如果某投影面上的正投影是一个点,它可能是某点的投影还是某线的投影?如果某投影面上的正投影是一个线,它可能是什么的投影?

4. 画出下面图示中（a）～（i）各形体的三面投影图。

要求:如示范图所示,体现作图过程,步骤方法正确,三面投影图位置关系正确,图线粗细表达合理,投影线用粗线表达,作图辅助线用细线表达,被遮挡的投影线用虚线表达。比例自定。

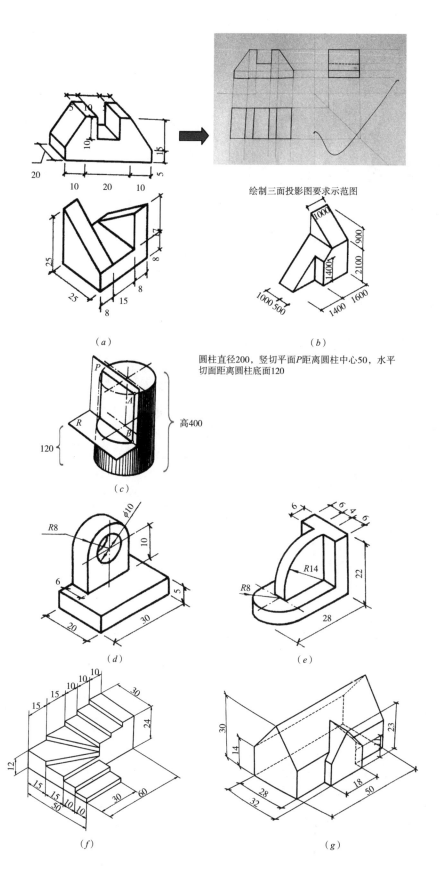

绘制三面投影图要求示范图

(a)

(b)

圆柱直径200，竖切平面P距离圆柱中心50，水平切面距离圆柱底面120

(c)

(d)

(e)

(f)

(g)

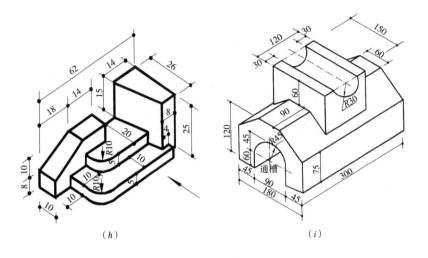

（h）　　　　　　　　　　　　　　（i）

【课后实训评价标准】

评价等级	评价内容及标准
优秀 (90~100)	不需要他人指导，能合理布置形体在投影体系中的位置，按照比例要求正确表达图样，投影图位置正确合理，投影线符合三面投影三等关系，投影线完整、准确、无遗漏，投影线与辅助线区分合理、清晰，投影线虚、实运用合理、图面整洁，作图迅速，并能指导他人完成任务
良好 (80~89)	不需要他人指导，能正确布置形体在投影体系中的位置，按照比例要求正确表达图样，投影图位置正确合理，投影线符合三面投影三等关系，投影线完整、准确、无遗漏，投影线与辅助线区分合理、清晰，图面整洁，作图比较迅速
中等 (70~79)	在他人指导下，能正确布置形体在投影体系中的位置，按照比例要求正确表达图样，投影图位置正确合理，投影线符合三面投影三等关系，投影线完整、准确、无遗漏，图面整洁
及格 (60~69)	在他人指导下，能正确布置形体在投影体系中的位置，按照比例要求正确表达图样，投影图位置正确合理，投影线符合三面投影三等关系，投影线完整、准确、无遗漏

3

由二维平面投影图想象
三维立体

【知识与技能】

如图 3-0 所示,读图与画图是两个思维相反的过程。读图是画图的逆过程,即根据给定的二维平面投影图信息,想象出对应的空间形体状况。

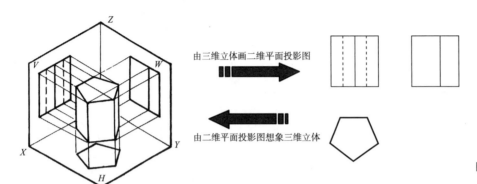

由三维立体画二维平面投影图

由二维平面投影图想象三维立体

图 3-0　读图是画图的
逆过程

3.1　三面投影图的识读

3.1.1　三面投影图的识读准备

(1) 熟悉并运用基本体三面投影图的特征读图

平面立体的投影线全部是直线,曲面立体的投影线中必定有曲线。具体如下:

1) 棱柱的三面投影特征

我们将 (直) 棱柱如四棱柱、五棱柱、六棱柱等的三面投影对比后会发现:

棱柱的三面投影图特征:其中一个投影为多边形,四棱柱就是四边形,五棱柱就是五边形,六棱柱就是六边形等,另外两个投影为一个或若干矩形。

反之,三面投影图的信息满足上述特点的即可判定为棱柱。

2) 棱锥的三面投影特征

我们将棱锥如四棱锥、五棱锥、六棱锥等的三面投影对比后会发现:

棱锥的三面投影图特征:其中一个投影的外轮廓为多边形,四棱锥就是四边形,五棱锥就是五边形,六棱锥就是六边形等,另外两个投影为一个或若干有公共顶点的三角形。

反之,三面投影图的信息满足上述特点的即可判定为棱锥。

3) 棱台的三面投影特征

我们将棱台如四棱台、五棱台、六棱台等的三面投影对比后会发现:

棱台的三面投影图特征:其中一个投影为两个相似多边形,四棱台就是四边形,五棱台就是五边形,六棱台就是六边形等,另外两个投影为一个或若干梯形。

反之,三面投影图的信息满足上述特点的即可判定为棱台。

4) 圆柱的三面投影特征

两个投影的外轮廓为大小一样的矩形,另一个投影为圆形。

反之,三面投影图的信息满足上述特点的即可判定为圆柱。

5）圆锥的三面投影特征

两个投影的外轮廓为大小一样的等腰三角形，另一个投影为圆形。

反之，三面投影图的信息满足上述特点的即可判定为圆锥。

6）圆台的三面投影特征

两个投影的外轮廓为大小一样的梯形，另一个投影为两同心圆。

反之，三面投影图的信息满足上述特点的即可判定为圆台。

7）圆球的三面投影特征

三个投影为大小相等的圆形。

反之，三面投影图的信息满足上述特点的即可判定为圆球。

【例1】根据图 3.1-1（*a*）的三面投影图，判定其空间形体状况。

解答步骤一：首先判定是哪一类型的基本形体。即平面立体？曲面立体？以限定想象范围。

经过观察，三面投影图全部由直线组成，无曲线，可限定为平面立体范围。

解答步骤二：判定是哪一种具体的基本形体。即棱柱？棱锥？棱台？

经过观察，三面投影图中一个投影为正六边形，另外两个投影为若干矩形。三面投影图的信息满足棱柱的三面投影特征，可判定正六棱柱。

解答步骤三：判定该六棱柱的摆放状态。

经过观察，水平投影为正六边形，是反映正六棱柱的端面实际形状的，因此，可以判定该正六棱柱的端面是平行于水平投影面放置的。

因此，判定其空间形体状况如图 3.1-1（*b*）所示。

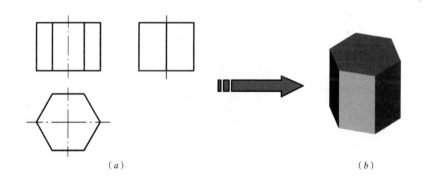

（*a*）　　　　　　　　　　　　　　　　（*b*）

图 3.1-1　根据三面投影图，判定其空间形体状况

【例2】根据图 3.1-2（*a*）的三面投影图，判定其空间形体状况。

解答步骤一：同【例1】。经过观察，三面投影图全部由直线组成，无曲线，可限定为平面立体范围。

解答步骤二：同【例1】。经过观察，三面投影图中一个投影为不等边的五边形，另外两个投影为若干矩形。三面投影图的信息满足棱柱的三面投影特征，可判定五棱柱。

解答步骤三：同【例1】。判定该五棱柱的摆放状态。

经过观察，侧面投影为五边形，是反映五棱柱的端面实际形状的，因此，

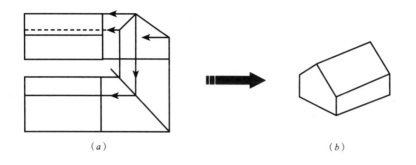

（a）　　　　　　　　　　　　　　　　（b）

图 3.1-2　根据三面投影图，判定其空间形体状况

可以判定该五棱柱的端面是平行于侧投影面放置的。

因此，判定其空间形体状况如图 3.1-2（b）所示。

【例 3】根据图 3.1-3（a）的三面投影图，判定其空间形体状况。

解答步骤一：同【例 1】。经过观察，三面投影图有曲线出现，可限定为曲面立体范围。

解答步骤二：同【例 1】。经过观察，三面投影图中一个投影为圆形，另外两个投影为大小一样的梯形。三面投影图的信息满足圆台的三面投影特征，可判定为圆台。

解答步骤三：同【例 1】。判定该圆台的摆放状态。

经过观察，侧面投影为两同心圆，是反映圆台端面实际形状的圆形，因此，可以判定该圆台的端面是平行于侧投影面放置的。

因此，判定其空间形体状况如图 3.1-3（b）所示。

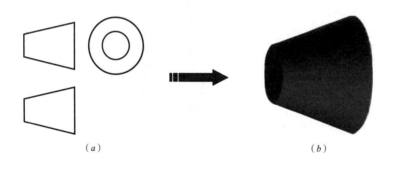

（a）　　　　　　　　　　　　　　　　（b）

图 3.1-3　根据三面投影图，判定其空间形体状况

在熟悉基本形体的投影特征基础上，可利用形体分析法对比较复杂的组合体投影进行阅读。形体分析法读图的基本思路是，任何复杂形体都由简单基本形体组合而成。只要根据投影图的特征状况，分别判定想象出组合体各部分的基本形体，再根据投影图表达的相对位置关系，就可以解读出组合体投影图所对应的组合体整体状况。具体步骤方法如【例 4】所示。

形体分析法的关键是封闭线框的划分和对投影，封闭线框相对应的投影也都是封闭线框。适用于叠加类的组合体。

【例 4】根据图 3.1-4 组合体的投影图，想象其空间立体状况。

解答步骤一：观察投影图，初步判断组合体整体状况。即根据投影线是否曲直，初步判断组合体的组成有无曲面体存在。经过观察，三面投影图全部由直线组成，无曲线，即可限定为该组合体无曲面存在。

解答步骤二：找出形状特征明显的投影图，分线框。即将三面投影图进行对比后找出投影形状特征明显的投影图，划分若干封闭线框。本例的三面投影中，水平投影形状特征相对明显，因此，如图 3.1-4（a）所示，将水平投影划分为四个封闭线框。

解答步骤三：对投影并判断各组成部分。即根据水平投影四个封闭线框，分别按三等关系在正面投影和侧面投影中找出对应的投影。并根据基本形体的投影特征，判断其对应的基本形体。如图 3.1-4（b）、（c）、（d）、（e）所示。

解答步骤四：按照水平投影的前后、左右位置以及正面投影的上下高低位置关系，综合想象出整体。如图 3.1-4（f）所示。

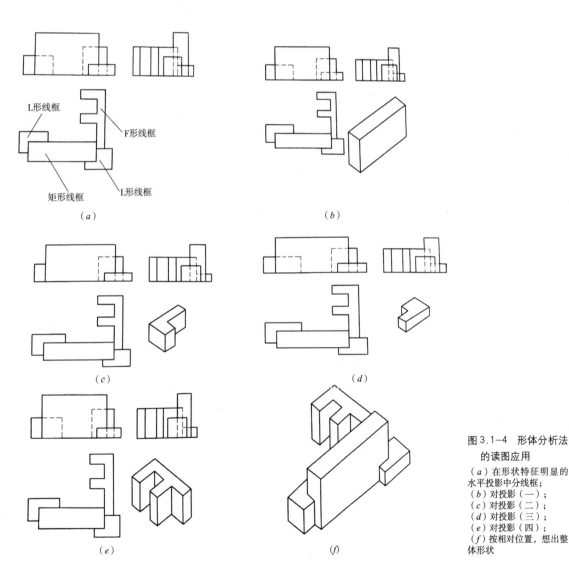

图 3.1-4　形体分析法的读图应用
（a）在形状特征明显的水平投影中分线框；
（b）对投影（一）；
（c）对投影（二）；
（d）对投影（三）；
（e）对投影（四）；
（f）按相对位置，想出整体形状

(2）理解一个投影图中出现的封闭线框含义和一（两）个投影图的不确定性并运用读图

如图 3.1–5 所示，一个投影图中的一个封闭线框可能代表一个空间形体的平面或倾斜面或曲面。

当一个投影图中出现相邻线框时，则表明对应的空间形体一定是凹凸不平的，该形体表面由或凸出或凹进的平（曲）面或倾斜面组成，或上下，或前后，或左右。此时，如果是水平投影图中出现相邻线框，则表明该空间形体从上向下看时，一定是上下有高低不同的面出现；如果是正立面投影图中出现相邻线框，则表明该空间形体从前向后看时，一定有前后有不平的面出现；如果是侧立面投影图中出现相邻线框，则表明该空间形体从左向右看时，一定有左右有不平的面出现。如图 3.1–6 所示，根据水平投影 1、2 两个封闭线框，对应的空间形体可能是 A、B、C、D、E、F 等。同样，如图 3.1–7 所示，根据正面投影中两个同心圆的封闭线框，可以想象对应的空间形体可以是两个直径大小不同的圆柱前后叠加、圆柱和圆锥的叠加、圆柱和球体的叠加、圆管等。

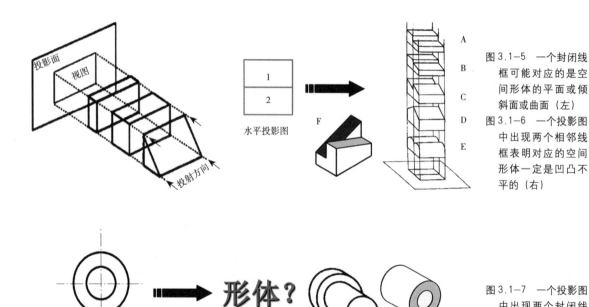

图 3.1–5　一个封闭线框可能对应的是空间形体的平面或倾斜面或曲面（左）

图 3.1–6　一个投影图中出现两个相邻线框表明对应的空间形体一定是凹凸不平的（右）

图 3.1–7　一个投影图中出现两个封闭线框可想象出多个形体举例

由一（两）个投影图中的封闭线框是很难确定其对应的空间形体的，需结合其他投影图才能判断。

（3）学会分析图中投影线、线框的含义并运用读图

1）投影图中的投影线可能是线的投影，也可能是面的积聚投影。如果三面投影均对应为投影线，则空间对应的一定是线；三面投影中对应中如果有一

个封闭线框出现则空间对应的一定是面；而三面投影对应的三个投影均为封闭
线框时，空间对应的一定是投影面的类似性。如图 3.1-8 所示。

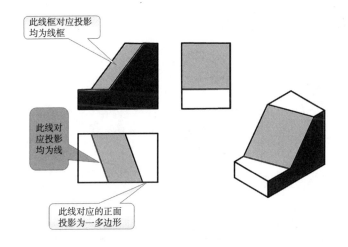

此线框对应投影
均为线框

此线对
应投影
均为线

此线对应的正面
投影为一多边形

图 3.1-8　投影线的空
间对应判断

2）投影图中的封闭线框，一般是立体上某一几何表面的投影，可能是平
面、曲面，也可能是孔、槽的投影；关键看线框对应的部分：如是直线，一定
是平面，如是曲线，一定是曲面。如图 3.1-9 所示。如果投影图中出现虚线，
则组合体中必有孔、洞、槽等出现。如图 3.1-10 所示。

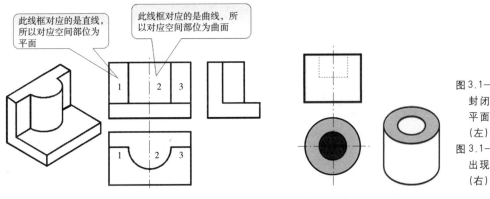

此线框对应的是直线，
所以对应空间部位为
平面

此线框对应的是曲线，
所以对应空间部位为曲面

图 3.1-9　投影图中的
封闭线对应空间是
平面或曲面的判断
（左）
图 3.1-10　投影图中
出现虚线时的判断
（右）

3）在分析图中线框、图线的含义时，注意未封闭线框对应的特殊相切情况。
如图 3.1-11 所示。

学会分析图中投影线、线框的含义是运用线面分析法读图的基础。

线面分析法读图的基本思路：组合体除了叠加组合方式外，组合体也可
以看成表面是由平面或曲面围合而成的。因此，只要将组合体各表面状况根据
投影图解读出来，并按照一定的顺序围合在一起，便形成对应的组合体。即根
据组合体的投影状况，分析出空间形体表面各相邻面的状况，并按投影图中投
影框或线的相对位置关系，读出投影图所对应的空间形体形状。具体步骤方法
如【例 5】所示。

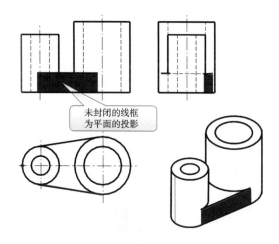

未封闭的线框
为平面的投影

图 3.1—11 投影图中
出现未封闭线框时
的判断

和形体分析法对比，线面分析法的
关键是划分的封闭线框对应的不是封闭线
框，而是线段。线面分析法适用于切割类组
合体。

【例5】根据图 3.1—12 组合体的投影
图，想象其空间立体状况。

解答步骤一：观察投影图整体。有无
曲线？找出形状特征明显的投影图。先用

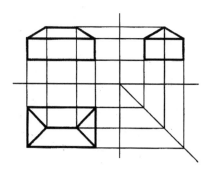

图 3.1—12 某组合体
的三面投影图

形体分析法进行。经过观察，三面投影图全部由直线组成，无曲线，可限定为
该组合体无曲面存在。从正面投影和侧面投影可以看出，该组合体分为上下两
部分。下部分根据三面投影状况，符合长方体的投影特征，可判定为长方体。
但上部分的形状就无法再使用形体分析法进行，而采用线面分析法。

解答步骤二：组合体上部分采用线面分析法，如图 3.1—13 (a) ～ (g) 所示。

解答步骤三：上部分和下部分叠加，想象出整体。如图 3.1—13 (g) ～ (i)
所示。

3.1.2 三面投影图的识读要领注意

1）读图是边看图、边想象的思维过程。在阅读组合体投影图的过程中，
并不是单一地使用某种方法就可以解决的，而是综合运用所掌握的方法与经验。
复杂的组合体识读常常是既有形体分析法运用，又有线面分析法运用。

2）三面投影图之间的"三等关系"和"方位关系"是绘图和读图的基础，
须熟悉并运用三面投影的三等关系和方位关系读图。如图 3.1—14 所示。

3）识读组合体投影图时应"先整体，后细部"，细部可采用按顺序或编
号办法依次阅读。

4）识读过程中，一定要联系多个投影图阅读，注意抓住有特征的投影图等，
才能综合准确地想象出投影图对应的空间形体状况。

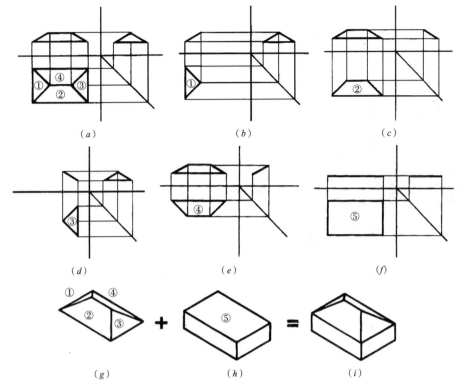

图 3.1–13　线面分析法读图的应用

（a）把组合体投影图分解为若干个平面图形的投影图（线框）①、②、③、④，进行分析；
（b）①线框表示与V面垂直，与H、W面倾斜的三角形平面，不反映实形；
（c）②线框表示与W面垂直，与V、H面倾斜的梯形平面，不反映实形；
（d）③线框表示与V面垂直，与H、W面倾斜的三角形平面，不反映实形；
（e）④线框表示与W面垂直，与V、H倾斜的梯形平面，不反映实形；
（f）⑤线框表示与①、②、③、④线框重合，与V、W面垂直，与H面平行的长方形平面，反映实形；
（g）经过综合线面分析所得的形体上半部分空间形象；
（h）经过前面形体分析所得出的形体下半部空间形象；
（i）经过叠加组合的形体空间形象

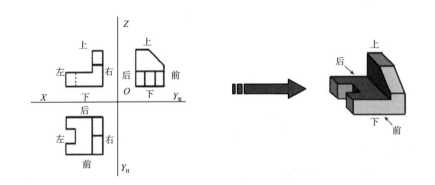

图 3.1–14　三面投影的三等关系和方位关系读图举例

同时，在读图过程中，最好是边思考边勾画其空间立体形状，使自己的思考不断接近正确。即一般是先根据某一视图作设想，然后把自己的设想在其他投影图上作验证，如果验证相符，则设想成立；否则再作另一种设想，直到想象出来的物体形状与已知的投影图完全相符为止。

3.2　形体的空间表达——轴测图绘制

作为一名设计工作者，不仅要将图看懂，能够根据三面投影图，想象出其空间立体的样子，更需要表达给别人看。

空间立体的表达方式有：①利用模型的方式表达。如图 3.2–1 所示，直观性强但耗时。②利用轴测图的方式表达。如图 3.2–2 所示，绘制轴测图快捷方便，但需掌握一定的技巧方法，在此重点学习。

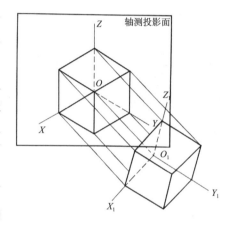

图 3.2–1　做模型表达
　　　　空间形体（左）
图 3.2–2　绘制轴测图
　　　　表达空间形体（右）

　　轴测图是用平行投影法（即投射线相互平行）将形体投射在单一投影面上所得到的图形。如图 3.2–3 所示，轴测图只需要一个投影面就可以表达其空间状况，直观立体感强，表达较快，但不能准确度量物体的形状和大小。所以轴测图在工程中常用来作辅助图样。

　　画轴测图的过程相当于是将三面投影图还原为三维立体的过程。常用轴测图的类型有：正等测、斜二测等，除此之外，根据表达需要也有正二测、水平斜等测等。

图 3.2–3　轴测图的
　　　　形成

3.2.1　正等轴测图（简称正等测）的绘制

　　正等测的特点是表达三维向量方向的坐标轴相互成 120°。如图 3.2–4 所示。其中，Z 表示形体的高度方向、X 和 Y 表示形体的长或宽方向。

　　正等测中表达空间三维向量的坐标轴绘制方法如图 3.2–5 所示。即先在竖直方向确定出表示形体的高度方向的轴测 Z 轴，再利用三角板、丁字尺等按三维向量方向相互成 120° 关系绘制出表达形体长或宽方向的 X、Y 轴。

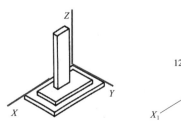

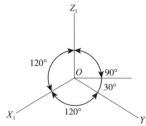

图 3.2–4　正等测的轴
　　　　间角关系

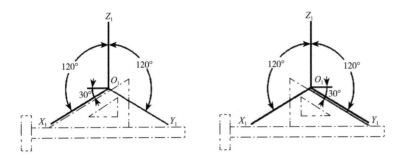

图 3.2-5 正等测的坐标（轴测轴）绘制

绘制正等轴测图时，首先对形体的正投影图作初步分析，根据形体组合特点，可选择坐标法、叠加法、切割法等进行作图。叠加法、切割法均以坐标法为基础作图。下面分别举例说明坐标法、叠加法、切割法作图的步骤与方法。

【例1】如图 3.2-6 所示，根据长方体的三面投影图，绘制其空间形体的正等测。

采用坐标法绘制。

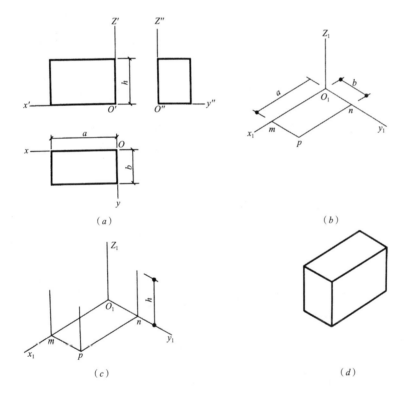

（a）

（b）

（c）

（d）

图 3.2-6 坐标法绘制长方体正等轴测图的步骤方法

（a）在正投影图上定出原点和坐标轴的位置；
（b）画轴测轴，在 O_1X_1 和 O_1Y_1 上分别量取 a 和 b，过 I、II 作 O_1X_1 和 O_1Y_1 的平行线，得长方体底面的轴测图；
（c）过底面各角点作 O_1Z_1 轴的平行线，量取高度 h，得长方体顶面各角点；
（d）连接各角点，擦去多余的线，并描深，即得长方体的正等测图，图中虚线可不必画出

【例2】如图 3.2-7 所示，根据已知形体的三面投影图，绘制其空间形体的正等测。

采用坐标法绘制。

解答步骤一：看懂三视图，想象出对应的空间形体类似于四坡屋顶的房屋模型形状。

解答步骤二：选定坐标轴，画出房屋的屋檐。一般将竖直方向作为高度方向。

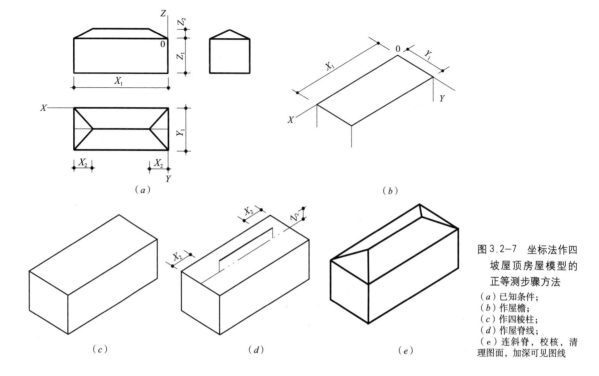

图 3.2-7 坐标法作四坡屋顶房屋模型的正等测步骤方法
(a) 已知条件;
(b) 作屋檐;
(c) 作四棱柱;
(d) 作屋脊线;
(e) 连斜脊,校核,清理图面,加深可见图线

解答步骤三 : 作下部的长方体。

解答步骤四 : 作四坡屋面的屋脊线的准确点位置。

解答步骤五 : 过屋脊线上的左、右端点分别向屋檐的左、右角点连线,即得四坡屋顶的四条斜脊的正等测,完成这个房屋模型正等测的全部可见轮廓线的作图。

解答步骤六 : 校核,清理图面,加深可见图线。

【例3】如图 3.2-8 所示,根据三棱锥的三面投影图,绘制其空间形体的正等测。

采用坐标法绘制。

可分为两个阶段进行。第一阶段 : 为便于作轴测图,先在三面投影图上建立投影坐标轴,并注明各投影点。第二阶段 : 画轴测轴,依次在对应的轴测轴上截取对应的投影点 A、B、C,根据高度定出 S 点,然后连接各点。最后,整理加深可见轮廓线。

同时,为有利于有序作图,准确根据形体的投影图做出对应的正等测,在绘图过程中可将形体各投影点进行字母编号或数字编号处理。当用字母编号时,投影图中各投影点用小写字母,对应的轴测图空间点用大写英文字母。

【例4】如图 3.2-9 所示,根据形体的三面投影图,绘制其空间形体的正等测。

采用叠加法绘制。从下到上依次绘制出 A、B、C 三部分。

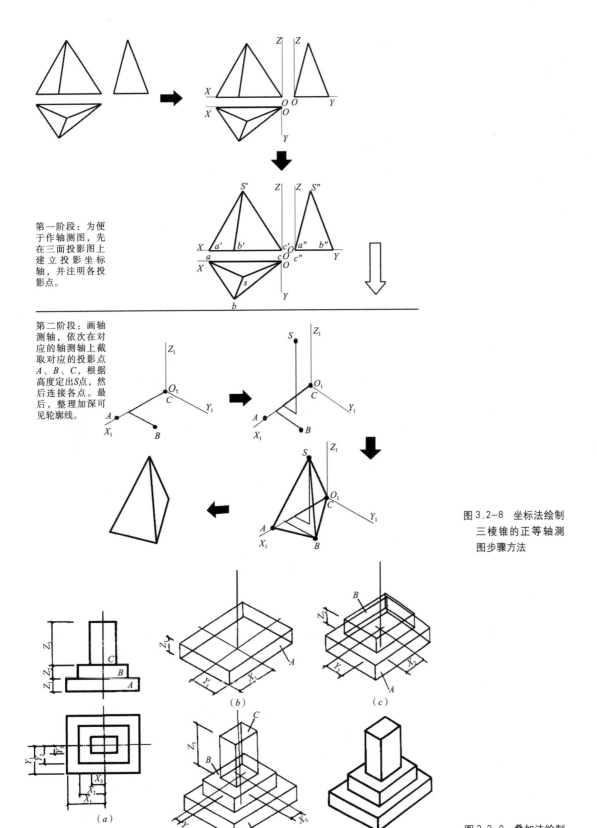

第一阶段：为便于作轴测图，先在三面投影图上建立投影坐标轴，并注明各投影点。

第二阶段：画轴测轴，依次在对应的轴测轴上截取对应的投影点 A、B、C，根据高度定出 S 点，然后连接各点。最后，整理加深可见轮廓线。

图 3.2-8　坐标法绘制三棱锥的正等轴测图步骤方法

图 3.2-9　叠加法绘制正等轴测图步骤方法

（a）　（b）　（c）　（d）　（e）

【例5】如图3.2-10所示，根据形体的三面投影图，绘制其空间形体的正等测。

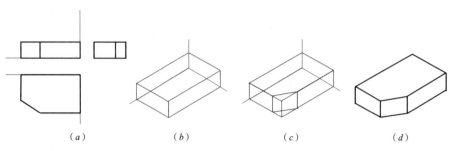

（a）　　　　　（b）　　　　　（c）　　　　　（d）

图 3.2-10　切割法绘
　　制形体的正等轴测
　　图步骤方法
（a）形体的三面投影图
条件；
（b）根据读图分析，先绘
制出一个完整的长方体；
（c）根据条件切割去掉
不存在的部分；
（d）整理、加深可见轮
廓线

【例6】如图3.2-11所示，根据形体的三面投影图，绘制其空间形体的正等测。

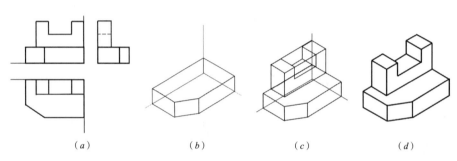

（a）　　　　　（b）　　　　　（c）　　　　　（d）

图 3.2-11　切割法、
　　叠加法在复杂形体
　　中的运用
（a）形体的三面投影图
条件；
（b）根据读图分析，
先绘制出位于底部的形体
部分；
（c）根据读图分析，在
底部形体的上表面叠加绘
制出形体的上部分；
（d）整理、加深可见轮
廓线

　　遇到比较复杂的形体时，可以将坐标法、叠加法、切割法综合运用。

　　对于曲面体的正等轴测图的绘制，作图关键是端圆的正等测绘制。对于不同位置的端圆，其对应的正等测虽都是椭圆，但呈现状态是不同的，如图3.2-12所示。

　　以水平圆的正等测绘制为例，如图3.2-13所示，先作辅助正方形对应的轴测图菱形，在此基础上，用四心椭圆法画法绘制出水平圆正等测。

　　在掌握不同端圆正等测绘制基础上，可以作简单的曲面立体正等测，也可以绘制出圆角的正等测，进而作出带圆角的平板正等测。如图3.2-14～图3.2-16所示。

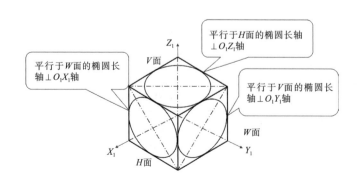

平行于H面的椭圆长轴
$\perp O_1Z_1$轴

平行于W面的椭圆长
轴$\perp O_1X_1$轴

平行于V面的椭圆长
轴$\perp O_1Y_1$轴

图 3.2-12　平行于各
　　个坐标面的圆的正
　　等测

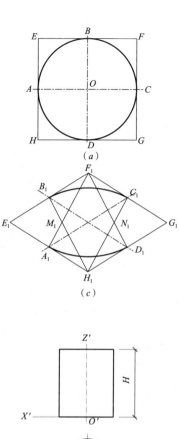

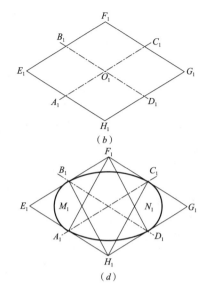

图 3.2-13 水平圆的
正等测绘制

（a）在正投影图上定出
原点和坐标轴位置，并作
圆的外切正方形efgh；
（b）画轴测轴及圆的外
切正方形的正等测图；
（c）连接F_1A_1、F_1D_1、
H_1B_1、H_1C_1，分别交于
M_1、N_1，以F_1和H_1为圆
心，F_1A_1或H_1C_1为半径作
大圆弧B_1C_1和A_1D_1；
（d）以M_1和N_1为圆心，
M_1A_1或N_1C_1为半径作小圆
弧A_1B_1和C_1D_1，即得平行
于水平面的圆的正等测图

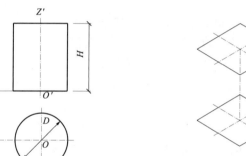

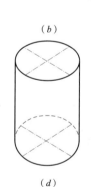

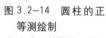

图 3.2-14 圆柱的正
等测绘制

（a）在正投影图上定出
原点和坐标轴位置；
（b）根据圆柱的直径D或
高H，作上下底圆外切正
方形的轴测图；
（c）用四心法画上下底
圆的轴测图；
（d）作两椭圆公切线，擦
去多余线条并描深，即得
圆柱体的正等测图

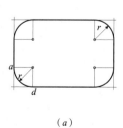

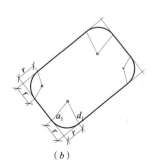

图 3.2-15 圆角的正
等测绘制

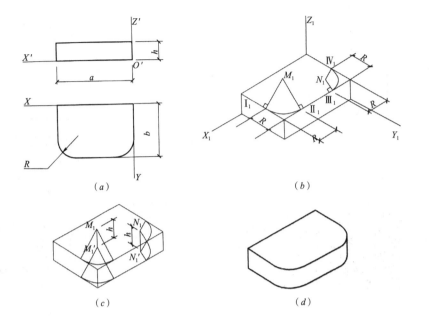

图 3.2-16 平板圆角
的正等测绘制
（a）在正投影图中定出
原点和坐标轴的位置；
（b）先根据尺寸 a、b、h
作平板的轴测图，由角点
沿两边分别量取半径 R 得
I_1、II_1、III_1、IV_1 点，过
各点作直线垂直于圆角的
两边，以交点 M_1、N_1 为圆
心，M_1I_1、N_1III_1 为半径作
圆弧；
（c）过 M_1、N_1 沿 O_1Z_1
方向作直线量取 $M_1M_1'=$
$N_1N_1'=h$，以 M_1'、N_1' 为圆心分
别以 M_1I_1、N_1III_1 为半径作
弧得底面圆弧；
（d）作右边两圆弧切线，
擦去多余线条并描深，即
得有圆角平板的正等测图

正等测绘制过程中需注意：定位投影原点时，一般选择形体的右后下方
作为投影原点如【例1】、【例2】、【例3】、【例5】、【例6】，此时，投影原点
对应的空间位置是轴测原点；对于投影图中是对称图形时，则将投影原点选择
在对称中心更方便作图，如【例4】及图 3.2-14 圆柱的绘制。

3.2.2 斜二测轴测图的绘制

斜二测的绘制步骤方法与正等测大体相同，只是斜二测中表达空间三维
向量的坐标轴绘制与正等测不同，如图 3.2-17 所示。常常直接利用正立面投

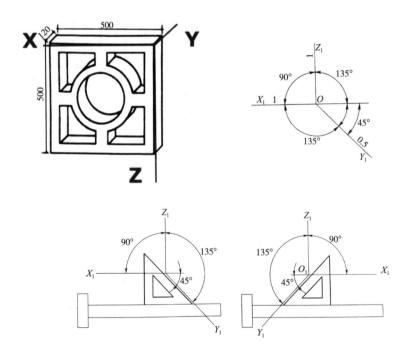

图 3.2-17 斜二测的
坐标轴绘制

影图或侧立面投影图斜拉 45° 方向线作图，相对便捷，如图 3.2-18 所示。需要注意的是宽度尺寸取值为正投影宽度尺寸值的 0.5 倍，同时，注意斜拉 45° 的方向选择。如图 3.2-19 所示，(c) 较 (b) 表达好。尤其当正立面投影图中出现圆或圆弧时，用斜二测可以快速绘制出实际圆或圆弧形状，很是方便。如图 3.2-20、图 3.2-21 所示。

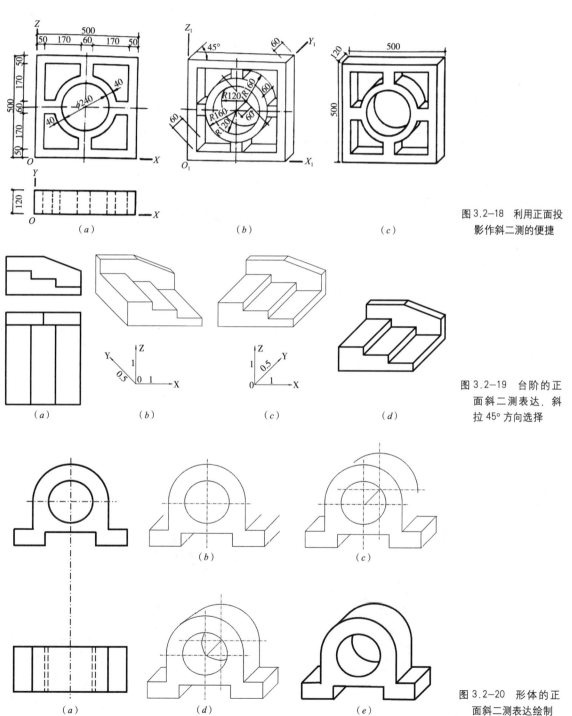

图 3.2-18 利用正面投影作斜二测的便捷

图 3.2-19 台阶的正面斜二测表达，斜拉 45° 方向选择

图 3.2-20 形体的正面斜二测表达绘制

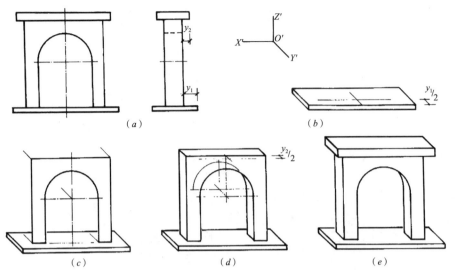

图 3.2-21 拱门的正
面斜二测表达绘制
（a）投影图；
（b）作地台及拱门前墙
面位置线；
（c）作拱门前墙面；
（d）完成拱门，作顶板前
缘位置线；
（e）作顶板，完成轴测图

3.2.3 水平斜等测的绘制

即将水平投影图或工程平面图逆时针旋转 30° 后，在竖直方向截取对应高度即可得到，如图 3.2-22 所示。水平斜等测常用于室内空间布置的展示、区域规划等，如图 3.2-23、图 3.2-24 所示。

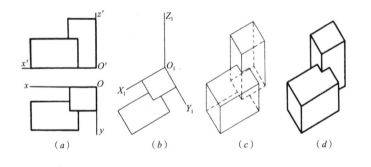

图 3.2-22 水平斜等
测表达绘制
（a）形体的投影图条件；
（b）将水平投影图逆时
针旋转30°；
（c）在各投影点竖直方
向截取对应高度；
（d）整理、加深可见轮
廓线

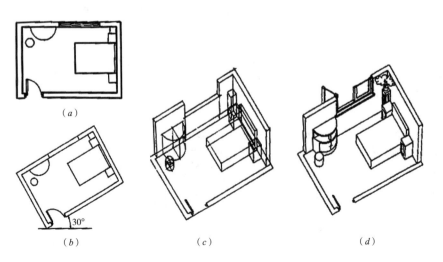

图 3.2-23 水平斜等测
表达室内空间布局
（a）室内平面图条件；
（b）将平面图逆时针旋
转30°；
（c）在各投影点竖直方
向截取对应高度；
（d）整理、加深可见轮
廓线

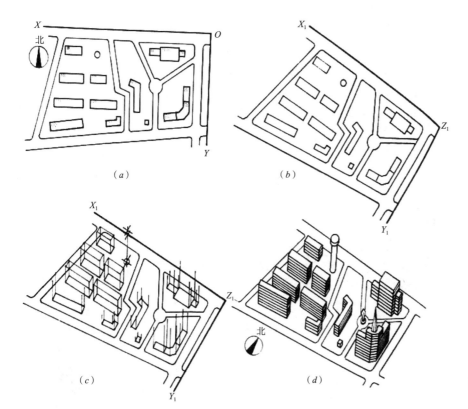

図 3.2-24 水平斜等測
表达规划空间布局

3.2.4 轴测图的绘制要领及类型选用

画轴测图的过程相当于将三面投影图还原为三维立体的过程。在轴测图的绘制过程中，需注意以下技巧要领的运用：

(1) 由于轴测图根据平行投影法原理绘制，因此在轴测图绘制中，利用平行投影的特点绘制会更有效。即空间形体上相互平行的线保持平行绘制；形体上平行于投影轴的直线，在轴测图绘制中要平行于相应的轴测轴绘制。

(2) 在绘制过程中，根据表达需要，可以绘制成俯视或仰视的角度。如图 3.2-25 所示。此时注意轴测轴 OX、OY 的方向以及对应高度方向的尺寸向上截取和向下截取。

(3) 轴测图中不可见的线不加深或擦掉。

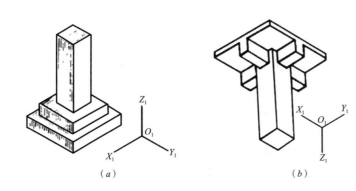

图 3.2-25 俯视和仰
视的表达
(a) 俯视;
(b) 仰视

（4）必要的情况下，可以先用纸张折出或其他模型表达自己想象的形体，再进行轴测图的绘制。

同时，根据表达需要，在选择轴测图类型时，在满足以下原则基础上，只要能够清楚表达形体的空间状况，方便于作图，不让人产生误解即可。

1）图形要完整清晰，尽量避免被遮挡。如图 3.2-26 所示。

2）图形要富有立体感。如图 3.2-27 所示。

3）作图简便。

  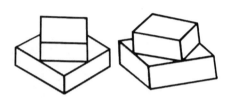

图 3.2-26　轴测图类型选择时尽量避免被遮挡（左）

图 3.2-27　轴测图类型选择时图形要富有立体感（右）

【在线课堂】

轴测图的绘制（二维码 3）

二维码 3

【课后实训】

1. 请根据图 3-1 中（a）~（d）所示的两面投影图，想象其对应的空间形体，并绘制其对应的正等测。提示：答案不唯一。

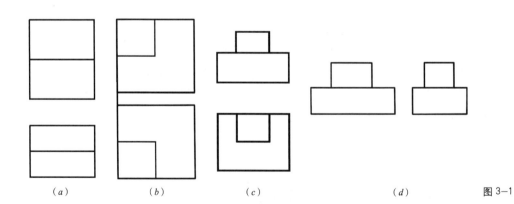

（a）　　　　　（b）　　　　　（c）　　　　　　　　（d）　　　　图 3-1

2. 请根据图 3-2 所示的三面投影图，想象其对应的空间形体，并绘制其对应的正等测。

要求：体现作图过程，轴测图可见轮廓线用粗线表达，作图过程中的辅助线等用细线表达。尺寸可根据图示量取，比例自定。如图 3-3 所示。

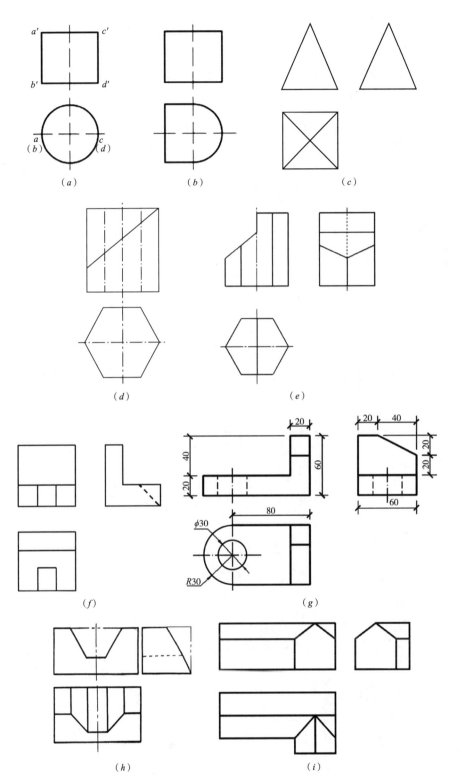

（a）　　　　　　（b）　　　　　　（c）

（d）　　　　　　（e）

（f）　　　　　　（g）

（h）　　　　　　（i）

图 3—2

3. 请根据图 3-4 所示的两面投影图，想象其对应的空间形体，并绘制其对应的斜二测。

要求：体现作图过程，轴测图可见轮廓线用粗线表达，作图过程中的辅助线等用细线表达。尺寸可根据图示量取，比例自定。

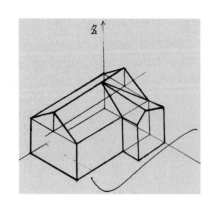

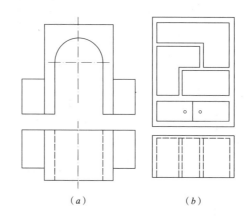

（a）　　　　（b）

图 3-3　轴测图表达举例示范图（左）

图 3-4　（右）

4. 根据图 3-5 所示投影图，做其空间形体模型，并绘制其对应的轴测图。

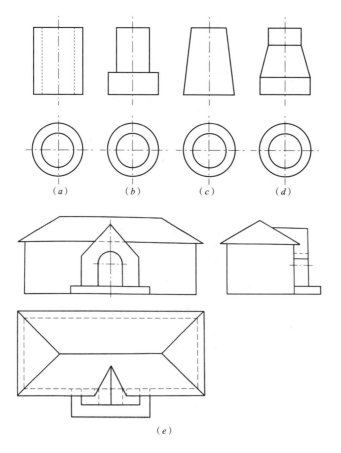

（a）　　（b）　　（c）　　（d）

（e）

图 3-5

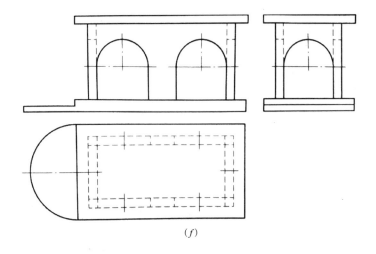

(f)

图 3-5（续）

【课后实训评价标准】

评价等级	评价内容及标准
优秀 (90~100)	不需要他人指导，能按照三面投影信息正确想象并表达空间图样，轴测立体图正确合理，轴测图线完整、准确、无遗漏，轴测线与辅助线区分合理、清晰，图面整洁，作图迅速，并能指导他人完成任务
良好 (80~89)	不需要他人指导，能按照三面投影信息正确想象并表达空间图样，轴测立体图正确合理，轴测线完整、准确、无遗漏，轴测线与辅助线区分合理、清晰，图面整洁，作图比较迅速
中等 (70~79)	在他人指导下，能按照三面投影信息正确想象并表达空间图样，轴测立体图正确合理，轴测线完整、准确、无遗漏，图面整洁
及格 (60~69)	在他人指导下，利用模型，能按照三面投影信息正确想象并表达空间图样，轴测立体图正确合理，轴测线完整、准确、无遗漏

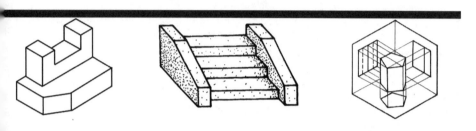

建筑装饰制图

4 建筑施工图的识读与绘制

【知识与技能】

4.1 识读建筑施工图必知准备

4.1.1 建筑的基本构造组成

房屋按使用功能可以分为：

1）民用建筑：如住宅、宿舍等，称为居住建筑；如学校、医院、车站、旅馆、剧院等，称为公共建筑。

2）工业建筑：如厂房、仓库、动力站等。

3）农业建筑：如粮仓、饲养场、拖拉机站等。

对于民用建筑来说，虽在使用要求、空间组合、外形处理、结构形式、规模大小等方面各不相同，但基本构造组成是相同的，即都由基础、墙或柱、楼地层、屋顶、楼梯、门和窗等六大部分组成。此外，还有阳台、雨篷、台阶、窗台、雨水管、明沟或散水、遮阳以及其他的一些构配件等。如图4.1-1所示。

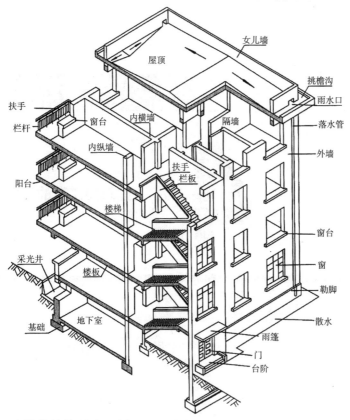

图4.1-1 房屋的基本构造组成

民用建筑按结构形式可划分为：墙承重结构（砖木结构、砖混结构、混凝土结构）、框架结构、剪力墙结构、框架－剪力墙结构、筒体结构、大跨结构等。常见的有砖混结构和框架结构。如图4.1-2所示。

砖混结构特点是竖直方向承重为墙体，水平方向承重为钢筋混凝土楼板；框架结构特点是竖直方向承重为柱子，水平方向承重为梁和钢筋混凝土楼板。

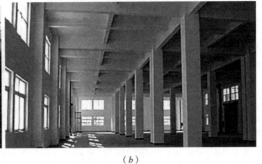

（a）   （b）

图4.1-2　常见的建筑
结构形式
（a）砖混结构；
（b）框架结构

4.1.2　建筑施工图的组成

　　房屋施工图是建造房屋的重要技术依据，是直接用来为施工服务的图样。

　　一套完整的房屋施工图通常有：建筑施工图、结构施工图和设备施工图，简称"建施"、"结施"和"设施"。而设备施工图则按需要又有给水排水施工图、采暖通风施工图、电气施工图等，简称"水施"，"暖施"，"电施"。见表4.1-1。其中，建筑施工图是各专业绘制施工图的前提和依据，尤其是装饰工程的前提和依据。按照建筑在前、装修在后的先后顺序，通过建施、结施、设施这些图纸，可以将房屋建筑工程主体建设竣工；装饰施工图则是随着人们生活水平提高，人们对房屋装修要求越来越精细的情况下，由建筑施工图派生出来的一类图纸，是在建筑主体完工后开始进行装修施工的依据。学习装饰施工图，必须扎扎实实地学习建筑施工图的基本原理和技能，才能正确识读和绘制装饰施工图。

　　建筑施工图的内容及编排顺序一般为：图纸目录、设计说明、总平面图、建筑平面图、建筑立面图、建筑剖面图、建筑详图。

4.1.3　现行国家建筑制图标准规定及制图原理

　　通过现行国家建筑制图标准规定，熟悉图纸中各表达要素，尤其是图纸中图例、符号的表达含义及运用。详见1.1内容。制图原理是看懂图纸必备的基础。

4.1.4　图纸目录

　　如表4.1-2所示。图纸目录常以表格形式表达出图纸的类别、图号、图名、图幅大小等信息；如采用标准图，在目录中应注写出所使用标准图的名称、所在的标准图集和图号或页次。

　　编制图纸目录的目的是便于查找所需要的图纸内容。因此，图纸目录在整套图纸中的位置是紧随在图纸封皮后面的，可以独立为一张图纸，也可以和建筑设计说明共用一张图纸。在空间仍有余的情况下，还可以将门窗统计表与图纸目录放在同一张图纸上。在使用图纸目录查找图纸的过程中，通过图纸目录中图纸名称、图号信息与各图纸标题栏信息的配合使用，可以让我们迅速查找到所需要的图纸内容。

4.1.5　建筑设计说明

　　建筑设计说明是建筑图纸的必要补充。主要包括以下内容：

建筑施工图的组成　　　　　　　　　　　表4.1-1

图纸类型		主要内容	图纸名称
建筑施工图 ↓ 派生 装饰施工图		表示建筑物的总体布局、外部造型、内部功能及布置，建筑的细部构造、固定设施，一般常规装修及施工要求等	有设计说明，建筑总平面图，建筑（各层）平面图，建筑（外观）立面图，建筑剖面图和建筑详图
		表示建筑室内外环境空间的装饰造型，内部装饰布置，装饰面和装饰件的形状与构造以及它们与主体建筑的相互关系、施工要求等	装饰平面布置图 楼地面铺装图（根据需要） 顶棚（天花）平面图 室内各向立面图 （含墙柱装修立面图） 装饰详图
结构施工图		反映建筑物承重结构的布置，构件类型、材料，尺寸和构造做法等	有结构设计说明，基础图，结构布置平面图和各构件详图
设备施工图	给水排水施工图	表示给水排水管道的布置和走向，构件做法及安装要求	给水排水平面布置图 管道系统图 管道配件及安装详图等
	暖通施工图	表示暖气、通风管道的布置及安装要求	采暖系统图 采暖详图
	电气施工图	表示电气设备线路的布置和走向及安装要求	电气平面图 电气系统图

图纸目录　　　　　　　　　　　表4.1-2

序号	图号	图纸名称	图幅	备注
1	建施-01a	图纸目录 建筑设计说明（一）	A2	
2	建施-01b	建筑设计说明（二）	A2	
3	建施-02	总平面图	A2	
4	建施-03	一层平面图	A2	
5	建施-04	二层平面图	A2	
6	建施-05	屋面平面图	A2	
7	建施-06	南立面图	A2	
8	建施-07	北立面图	A2	
9	建施-08	东立面图	A2	
10	建施-09	西立面图	A2	
11	建施-10	1-1剖面图	A2	
12	建施-11	楼梯详图	A2	
13	建施-12	厨房、厕所详图	A2	
14	建施-13	墙身大样（一）	A2	
15	建施-14	墙身大样（二）	A2	
16	建施-15	门窗表、门窗详图	A2	

图 4.1-1　建筑施工图
的图纸目录

1）工程概况地理位置\结构类型\面积经济指标等。

2）设计依据依据性文件名称和文号\主要法规、所采用的主要标准\设计合同等。

3）设计标高工程的相对标高与总图绝对标高的关系。

4）施工用料墙体做法\楼地层做法\屋顶做法等。

5）注意事项及其他需要说明的问题。

4.2 总平面图的识读

4.2.1 总平面图的图示内容及作用

建筑总平面图是新建房屋在基地范围内的总体布置图。主要表明新建房屋的平面轮廓形状、层数、与原建筑物的相对位置、周围环境、地形地貌、道路和绿化情况。如图 4.2-1 所示。

建筑总平面图是新建房屋及其他设施的施工定位、土方施工、布置施工现场以及水、电、暖、煤气管道等总平面图的设计依据，也是评价建筑合理性程度的重要依据之一。

通常将总平面图放在整套施工图图纸的首页。

4.2.2 总平面图的图示方法

建筑总平面图一般采用 1：500、1：1000、1：2000 的比例，利用正投影原理作水平投影的方法绘制，主要是以《总图制图标准》GB/T 50103—2010 中的图例形式表示新建、原有、拟建的建筑物，附近的地物环境、交通和绿化布置等。常用的总平面图图例见表 4.2-1。若《总图制图标准》GB/T 50103—2010 中的图例不够使用，可另行使用图例，但需说明图例代表的名称。

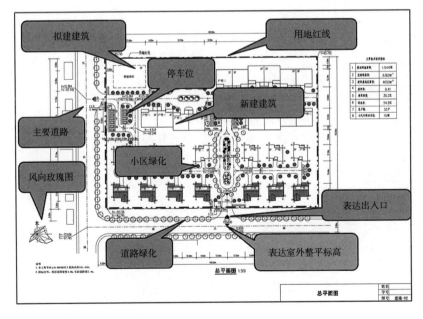

图 4.2-1 某小区总平面图

名称	图例	备注
新建建筑物	① 12*F*/2*D* *H*=59.00m	新建建筑物以粗实线表示，与室外地坪相接处±0.000外墙定位轮廓线； 建筑物一般以±0.000高度处的外墙定位轴线交叉点坐标定位。轴线用细实线表示，并标明轴线号； 根据不同设计阶段标注建筑编号，地上、地下层数，建筑高度，建筑出入口位置（两种表示方法均可，但同一图纸采用一种表示方法）； 地下建筑物以粗虚线表示其轮廓； 建筑上部（±0.000以上）外挑建筑用细实线表示
原有建筑物		用细实线表示
计划扩建的预留地或建筑物		用中粗虚线表示
拆除的建筑物		用细实线表示
室内地坪标高	151.00 (±0.00)	数字平行于建筑物书写
室外地坪标高	143.00	室外标高也可采用等高线
围墙及大门		—
挡土墙	5.00 1.50	挡土墙根据不同设计阶段的需要标注 墙顶标高 墙底标高
坐标	1. *X*=105.00 *Y*=425.00 2. *A*=105.00 *B*=425.00	1.表示地形测量坐标系； 2.表示自设坐标系；坐标数字平行于建筑标注
填挖边坡		—
新建道路	*R*=6.00 0.30% 100.00 107.50	"*R*=6.00"表示道路转弯半径；"107.50"为道路中心线交叉点设计标高，两种表示方式均可，同一图纸采用一种方式表示；"100.00"为变坡点之间距离，"0.30%"表示道路坡度，——▶表示坡向
原有道路		—
计划扩建的道路		—
拆除的道路		—

名称	图例	备注
人行道路	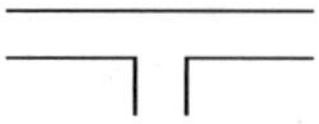	—
桥梁	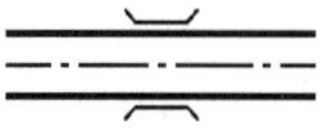 	用于旱桥时应注明 上图为公路桥，下图为铁路桥
铺砌场地	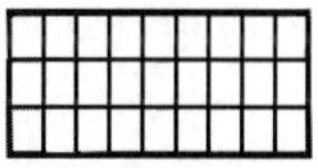	—
敞篷或敞廊	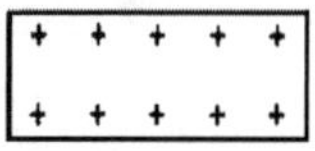	—
常绿针叶乔木	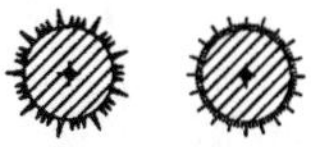	—
落叶针叶乔木	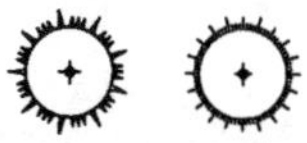	—
常绿阔叶乔木	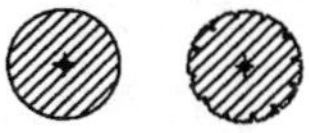	—
落叶阔叶乔木	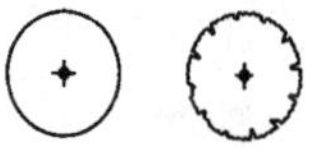	—
常绿阔叶灌木		—
落叶阔叶灌木		—
落叶阔叶乔木林		—
常绿阔叶乔木林		—
常绿针叶乔木林		—
落叶针叶乔木林	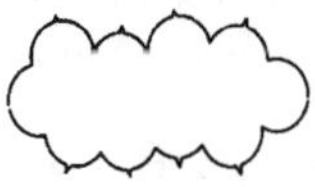	—

4.2.3 建筑总平面图的识读

总平面图的读图步骤和方法如下：

1) 看图名、比例、图例及有关的文字说明；

2) 了解新建建筑的名称、所处位置、平面轮廓形状、朝向、层数、主入口、标高、面积等；

    3）了解新建建筑与已建、拟建建筑之间的相对位置关系；

    4）新建建筑周围的道路、绿化情况；

    5）了解工程的性质、用地范围和地形地物等情况；

    6）了解周围环境的情况。

识读要领如下：

识读要领 1：熟悉总平面图图例是正确识读及绘制总平面图的重要前提。

识读要领 2：认识并理解总平面图中的两个相关符号：风向玫瑰图符号、标高符号。

    1）【风向玫瑰图】

图 4.2-2　风玫瑰图

如图 4.2-2 所示。"风玫瑰"也叫风向频率玫瑰图，它是根据某一地区多年平均统计的各个方风向和风速的百分数值，并按一定比例绘制，一般多用八个或十六个罗盘方位表示，风玫瑰图上所表示风的吹向（即风的来向），是指从外面吹向地区中心的方向。实线表示全年的风向频率，虚线表示 6、7、8 三个月（夏季）统计的风向频率。在风玫瑰图中，频率最大的方位，表示该风向出现次数最多。

风玫瑰图一般在总平面图上表示，是建筑所在地区的气候基本条件之一。在进行平面布局设计等工作时，可以根据风玫瑰图判断常年主要风向作为设计依据。由风玫瑰图可以解读出新建、拟建、已建建筑等的位置、朝向等。

    2）【标高符号】

标高是标注建筑物高度的一种尺寸形式。标高符号以等腰直角三角形表示，通常按图 4.2-3（a）所示形式用细实线绘制。对于总平面图中的室外地坪标高符号，宜用涂黑的等腰直角三角形表示，如图 4.2-3（b）所示。

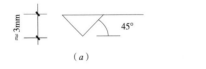
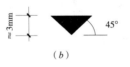

图 4.2-3　总平面图中的标高符号

标高注写的数字单位为"米"。总平面图图中标注的标高为绝对标高（是以我国青岛市外黄海海平面为 ±0.000 的标高，比此平面高的为正，正号省略不注写，比此平面低的带负号），标到小数点后两位。除了总平面图，后续遇到的其他图纸中的标高均是相对标高（相对标高以某建筑物底层室内主要地面为零点 ±0.000 的标高），且标到小数点后三位。

总平面图中室内地坪标高和室外地坪标高注写形式见表 4.2-1 中图例。同时，对于室内标注的绝对标高与相对标高的换算关系一般会在建筑设计说明中注写。

识读要领 3：总平面图中的坐标、标高、距离以米为单位。坐标以小数点后三位数标注；标高、距离以小数点后两位数标注；道路纵坡度、场地平整坡度、排水沟沟底纵坡度宜以百分数计，并取小数点后一位。

4.3 建筑平面图的识读与绘制

4.3.1 建筑平面图的形成、命名及作用

如图 4.3-1 所示。建筑平面图是用一个假想剖切面在窗台之上（可假设在本层距离楼地面 1.0 ~ 1.2m 之间）水平剖开整幢房屋后，移去处于剖切平面的上半部分，将剩余的下半部分按俯视方向在水平投影面上作正投影所得到的图样。

建筑平面图通常以层次来命名，如地下室平面图、底层平面图、二层平面图、三层平面图……顶层平面图等。若有两层或更多层的平面布置相同，这些层可共用一个建筑平面图，称为 X-X 层平面图或标准层平面图。此时，从室内建筑标高标注上可以看出共用层数。

建筑平面图反映房屋的平面形状、大小和房间的布置，墙或柱、门窗等构配件的位置、尺寸、材料、做法，内外交通联系，墙或柱的类型和位置等情况，是施工放线、砌墙、安装门窗、室内外装修及编制工程预算的重要依据，是表达建筑的三大基本图样（建筑平面图、建筑立面图、建筑剖面图）图纸之一。

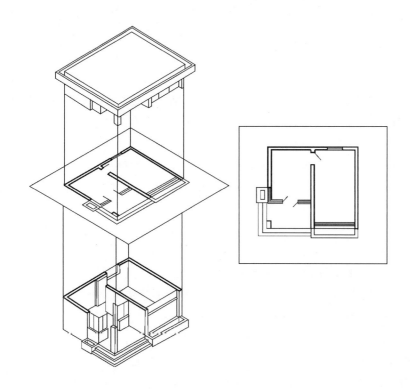

图 4.3-1　建筑平面图
的形成

4.3.2 建筑平面图的图示方法

如图 4.3-2 所示。建筑平面图主要由建筑构配件图例、图线、定位轴线、相关符号、尺寸标注及文字等组成。其中，建筑构配件图例、图线线型及粗细等按建筑制图标准规定绘制。如，平面图形成过程中剖切到的墙体、柱子等主体轮廓线用粗实线绘制；门扇线、未剖切到的构造轮廓线、尺寸起止符等用中

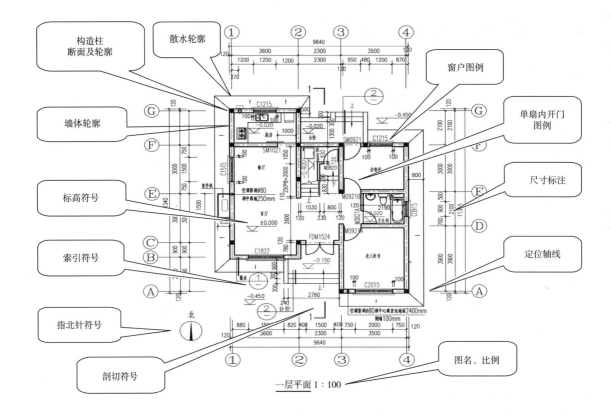

构造柱
断面及轮廓

散水轮廓

窗户图例

墙体轮廓

单扇内开门
图例

标高符号

尺寸标注

索引符号

定位轴线

指北针符号

剖切符号

图名、比例

一层平面 1：100

图 4.3-2 建筑平面图
的图示举例

实线绘制；尺寸线、尺寸界线、符号轮廓线等用细实线绘制。而剖切符号、指北针符号是一层平面图（首层平面图）特有的符号，其他平面图是没有的；索引符号根据需要而绘制。

常用的建筑平面图绘图比例为 1：100。在绘制建筑面积较大的工程图纸时可采用 1：150、1：200 的绘图比例，建筑面积较小时可采用 1：50 的绘图比例。

4.3.3 建筑平面图的识读

先整体后细部是识读图纸的重要前提。在识读图纸目录、建筑设计说明等了解建筑概况的基础上，对每层建筑平面图的识读主要按以下信息顺序进行：

1）通过图名、比例了解该层在整个建筑中的层次位置；

2）通过底层平面图中的指北针符号，了解建筑和房间的朝向；

3）了解该层房间的形状、用途数量；

4）了解墙或柱的位置、分隔情况，各房间相互间的联系情况；

5）通过外部尺寸了解各房间的开间、进深、外墙上门窗位置、宽度尺寸，通过内部尺寸了解内墙上门的位置、尺寸及室内设备的大小和位置；

6）通过门窗图例及其编号，了解该层门窗的类型、数量及其位置；

7）从标高符号了解地面的高差情况，从剖切符号、索引符号或从建筑细部尺寸和位置，了解建筑细部构造做法等。

4.3.4 建筑平面图的绘制步骤与方法

对于手工绘图来说，建筑平面图的绘制可分为准备、底稿绘制、校核加深图线、标注等四个阶段。具体步骤与方法如下：

（1）准备阶段

1）选定比例和图幅；

2）根据比例估算出图形面积大小，合理均匀布置图面，如图 4.3-3 所示。避免挤在图纸一角或一侧或空白很多。

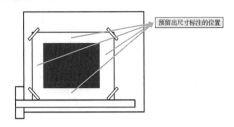

图 4.3-3　图面布置示意

（2）底稿绘制阶段

如图 4.3-4（a）（b）（c）所示。

3）用 2H 铅笔从上到下、从左向右画出墙或柱的定位轴线网；

4）在轴线网基础上，用 2H 铅笔画出墙、柱断面轮廓位置底稿线；

5）用 2H 铅笔画出全部门窗洞位置线；

6）绘制楼梯、室内卫生设施等细部轮廓线，对于首层平面图来说，还要绘制出室外柱廊、平台、散水、台阶、坡道、花坛等投影轮廓线，同时，注意补全没有定位轴线的次要的非承重墙、隔墙等；

底稿绘制时，注意相同方向、相同线型尽可能一次画完，以免三角板、丁字尺来回移动。

（3）校核、加深图线阶段

7）仔细校核图样底稿，如有问题，应及时解决和更正，在校核无误后按照图线要求加深图线，如图 4.3-4（d）所示。铅笔加深或描图顺序：先画上部，后画下部；先画左边，后画右边；先画水平线，后画垂直线或倾斜线；先画曲线，后画直线。

（4）标注阶段

如图 4.3-4（d）所示。

8）标注外部和内部尺寸。用 2H 铅笔绘制尺寸线、尺寸界线；用 HB 铅笔标注尺寸。

9）绘制标高符号、索引符号、剖切符号、指北针等相关符号；绘制定位轴线圆圈并注写编号。

10）用 HB 铅笔书写房间名称、门窗型号、图名、比例、文字说明等。

11）清洁图面，擦去不必要的作图线和脏痕，完成图样。

4.4　建筑立面图的识读与绘制

4.4.1　建筑立面图的形成、命名及作用

如图 4.4-1 所示。建筑立面图是在与房屋立面相平行的投影面上所作的正投影图样。

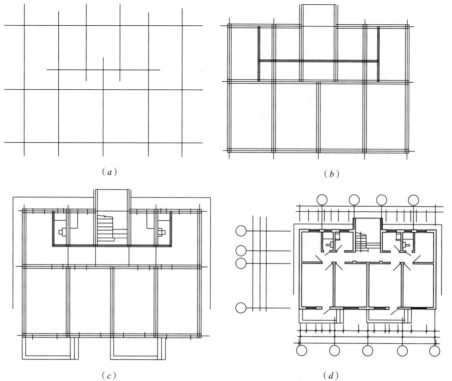

(a)　　　　　　　　　(b)

(c)　　　　　　　　　(d)

图 4.3-4　建筑平面图
　　　　的绘制举例

（a）从上到下、从左向
右画出墙或柱的定位轴
线网；
（b）画出墙、柱断面轮
廓位置底稿线；
（c）画出全部门窗洞位
置线、细部轮廓线等；
（d）整理加深图线、标
注尺寸等

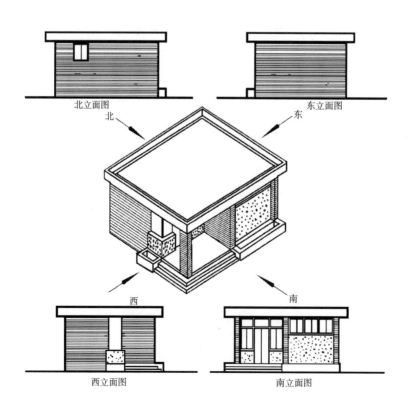

北立面图　　　　　　　东立面图
北　　　　　　东

西　　　　　　南

西立面图　　　　　　南立面图

图 4.4-1　建筑立面图
　　　　的形成

建筑立面图的图名，主要有以下四种命名方式：

1）以建筑各墙面的朝向来命名。如东立面图、西立面图、南立面图、北立面图。此时，建筑各墙面朝向与建筑平面图中指北针指示方向是一致的。如图4.4-2所示。

2）以建筑左右两端定位轴线编号命名。如①~⑦立面图、Ⓕ~Ⓐ立面图等。此时，轴线编号与建筑平面图的两端轴线编号是对应一致的。如图4.4-2所示。

3）以建筑墙面的特征命名。常把建筑主要出入口所在墙面的立面图称为正立面图，其余几个立面相应的称为背立面图、左侧立面图、右侧立面图。

4）对于建筑平面形状为曲折或圆弧的建筑物，必定有一部分建筑立面不平行于投影面，此时，应将这一部分进行假想展开到与投影面平行，再绘制其展开后的立面图。此时，应在图名后加注"展开"二字。如图4.4-3所示。对于展开立面图，需注意展开后的立面图尺寸与转折平面图的尺寸对应关系。

建筑立面图主要用来表示建筑的外貌造型、外墙装修、门窗的位置与形式，以及台阶、勒脚、窗台、窗顶、檐口、阳台、遮阳板、雨篷、雨水管、引条线等构配件的位置、形状、高度等。是施工放线、砌墙、安装门窗、室内外装修及编制工程预算的重要依据，是表达建筑的三大基本图样（建筑平面图、建筑立面图、建筑剖面图）图纸之一。

4.4.2 建筑立面图的图示方法

如图4.4-4所示。建筑立面图主要由建筑构配件图例、图线、定位轴线、相关符号、尺寸标注及文字等组成。建筑构配件图例、图线线型及粗细等按建筑制图标准规定绘制。如，室外地坪线用加粗实线 $1.4b$ 绘制；立面图中的墙体、屋顶等外轮廓用粗实线 b 绘制；门窗洞口轮廓线、表示墙体凹凸变化线等用中实线 $0.5b$ 绘制；门窗分扇线、墙体分格线、雨水管、台阶、屋顶瓦、标高符号轮廓线等均用细实线 $0.25b$ 绘制。

常用的建筑立面图绘图比例为 1：100。在绘制建筑面积较大的工程图纸时可采用 1：150、1：200 的绘图比例，建筑面积较小时可采用 1：50 的绘图比例。

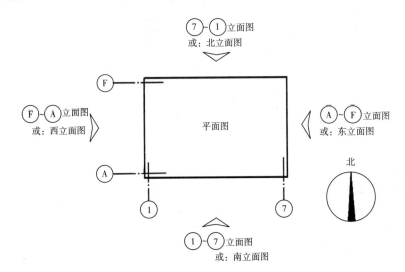

图4.4-2 建筑立面图的命名与平面图的对应关系

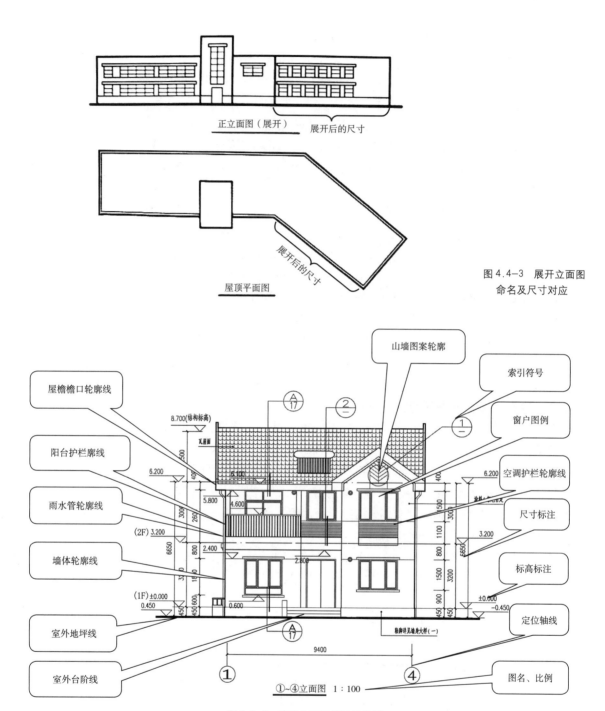

图 4.4-3 展开立面图
命名及尺寸对应

正立面图（展开）　展开后的尺寸

屋顶平面图　展开后的尺寸

山墙图案轮廓

索引符号

屋檐檐口轮廓线

阳台护栏廓线

雨水管轮廓线

墙体轮廓线

室外地坪线

室外台阶线

窗户图例

空调护栏轮廓线

尺寸标注

标高标注

定位轴线

图名、比例

①~④立面图　1：100

图 4.4-4　建筑立面图的图示举例

4.4.3　建筑立面图的识读

按以下信息和步骤进行识读：

1）通过图名、比例，结合建筑平面图的指北针指示朝向和定位轴线情况，了解该立面图在整个建筑中的朝向位置；

2）了解该建筑的外貌形状、总高度；

3）与建筑平面图、屋顶平面图对照，并结合标高尺寸等深入了解屋面、门窗、雨篷、阳台、台阶、雨水管等细部形状及高度位置。如图 4.4-5 所示，建筑立面图中的门窗位置等与建筑平面图中的门窗位置是呈对应关系的，墙体轮廓也呈对应关系。

4）通过引出线及文字了解该建筑立面的装修材料做法；

5）通过立面图上的索引符号，了解建筑细部构造做法等；

6）在该立面图信息基础上，了解其他立面图，建立起建筑物的整体外貌造型想象。

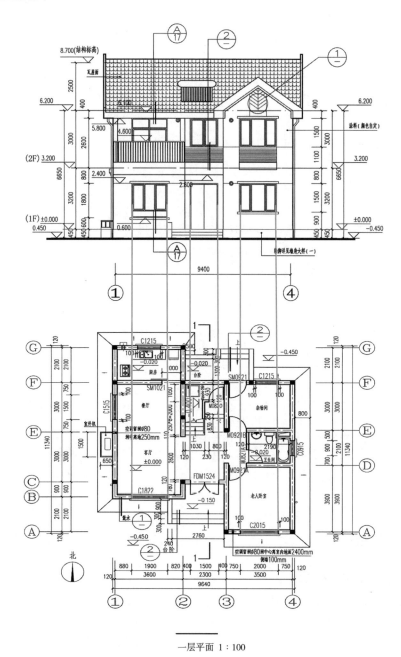

一层平面 1:100

图 4.4-5 建筑立面图
与建筑平面图的细
部对应关系举例

4.4.4 建筑立面图的绘制步骤与方法

同建筑平面图绘制一样，建筑立面图的绘制可分为准备、底稿绘制、校核加深图线、标注等四个阶段。具体步骤与方法如下：

（1）准备阶段

1）选定比例和图幅。

2）根据比例估算出图形面积大小，合理均匀布置图面。

（2）底稿绘制阶段

3）用 2H 铅笔依次从下向上画地坪线、楼面线、屋顶线；对照平面图依次从左至右画定位轴线和立面图最左、最右外形轮廓线。如图 4.4-6（a）所示。

4）对照平面图，用 2H 铅笔画凸出墙面位置线、阳台轮廓位置线、门窗洞口位置线等。如图 4.4-6（b）所示。

5）对照平面图，画出如台阶、花坛、雨篷、阳台护栏、雨水管、窗户分格线、空调护栏等细部轮廓线。如图 4.4-6（c）所示。

（3）校核、加深图线阶段

6）仔细校核图样底稿，如有问题，应及时解决和更正，在校核无误后，按照图线要求加深图线。

（4）标注阶段

如图 4.4-6（c）所示。

7）标注高度尺寸。用 2H 铅笔绘制标高符号，用 HB 铅笔标注高度尺寸。

8）绘制必要的索引符号，对立面图两端定位轴线圆圈并注写编号。

9）进行必要的装修材料文字注写，图名、比例注写等。

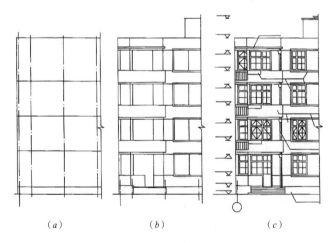

（a）　　　　　　（b）　　　　　　（c）

图 4.4-6　建筑立面图的绘制举例
（a）画室外地平线、楼面线、定位轴线和房屋的外轮廓线；
（b）画凹凸墙面、门窗洞和较大的建筑构造、构配件的轮廓；
（c）画细部，画出和标注尺寸、符号、编号、说明

4.5　建筑剖面图的识读与绘制

4.5.1　建筑剖面图的形成、命名及作用

如图 4.5-1 所示。建筑剖面图是假想一个或多个平行于房屋某一墙面的竖直剖切面，沿着房屋门窗洞口等合适部位，将整个房屋从屋顶到基础剖切开，移走一部分，将剩下部分按垂直于剖切平面的方向投影而画成的图样。

为将建筑内部表达清楚，根据工程需要，一幢建筑物可能会出现多个剖面图表达情况，此时，为加以区分不同位置剖切得到的剖面图，剖面图的图名，和剖切位置编号有关。

剖面图的剖切位置是用剖切符号标注在同一建筑物的底层平面图上的。剖切符号由剖切位置线、投射方向线、剖切编号三部分组成。如图4.5-2所示。剖面图是以底层平面图中剖切符号的编号命名的。如1—1剖面，2—2剖面，A—A剖面，1—1剖面等。

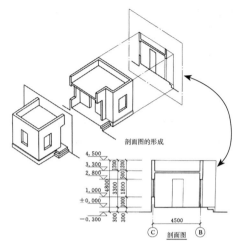

图 4.5-1　建筑剖面图的形成

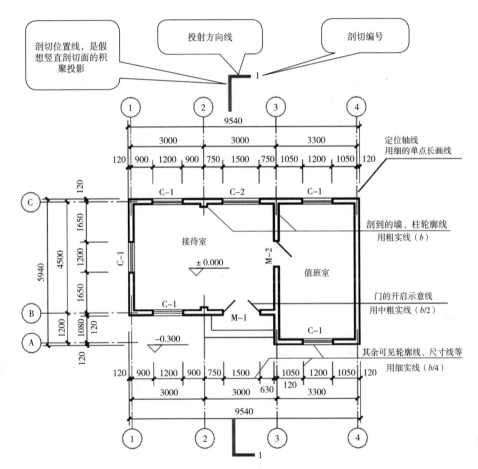

图 4.5-2　平面图中的剖切符号组成含义

建筑剖面图主要用来表达房屋内部垂直方向的结构形式、分层情况、各层构造作法、门窗洞口高、层高及建筑总高等，是施工放线、砌墙、安装门窗、室内外装修及编制工程预算的重要依据，是表达建筑的三大基本图样（建筑平面图、建筑立面图、建筑剖面图）图纸之一。

4.5.2　建筑剖面图的图示方法

如图 4.5-3 所示。建筑剖面图主要由建筑构配件图例、图线、定位轴线、相关符号、尺寸标注及文字等组成。建筑构配件图例、图线线型及粗细等按建筑制图标准规定绘制。按"国标"规定，凡是剖到的墙、板、梁等构件的剖切线用粗实线表示；而没剖到的其他构件的投影，则常用细实线表示。

常用的建筑剖面图绘图比例为 1：100。在绘制建筑面积较大的工程图纸时可采用 1：150、1：200 的绘图比例，建筑面积较小时可采用 1：50 的绘图比例。

图 4.5-3　建筑剖面图的图示举例

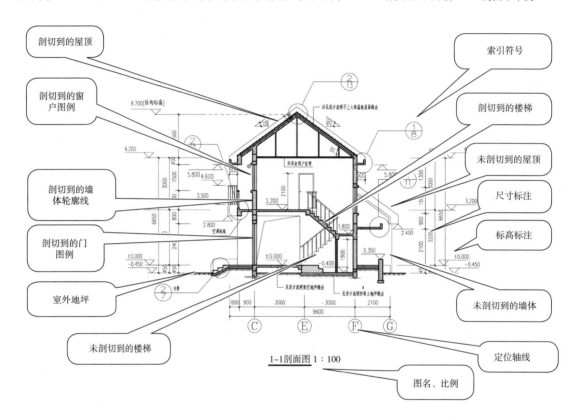

4.5.3　建筑剖面图的识读

建筑剖面图的识读主要结合底层平面图中的剖切符号进行，在看懂剖切符号的基础上，按以下步骤进行识读：

1）看图名、比例，对应在底层平面图中找剖切位置与编号；

2）了解被剖切到的墙体、楼板和屋顶等建筑构配件；

3）了解可见部分的构配件；

4）了解剖面图上的尺寸标注：竖向尺寸、标高和其他必要尺寸等；

5）了解剖面图上的索引符号以及某些构造的用料、做法等。

4.5.4　建筑剖面图的绘图步骤与方法

如图 4.5-4 所示。具体步骤如下：

1）依次从下向上画地坪线、楼面线、屋顶线；对照平面图剖切位置依次

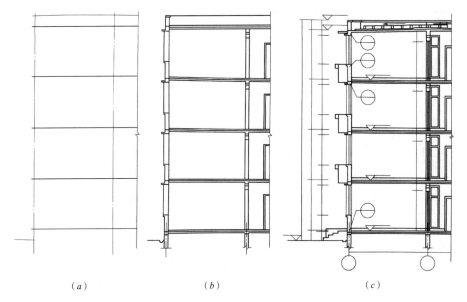

(a)   (b)   (c)

图 4.5-4 建筑剖面图的绘制举例

（a）画定位轴线、室内地平线、室外地平线、楼面和楼梯平台面、屋面，以及女儿墙的墙顶线；
（b）画剖切到的墙身，底层地面架空板、楼板、平台板、屋面板以及它们的面层线，楼梯、门窗洞、过梁、圈梁、窗套、台阶、天沟、架空隔热板、水箱等主要构配件；
（c）画可见的阳台、雨篷、检修孔、砖墩、壁橱、楼梯扶手和西边住户厨房的窗套等其他构配件和细部，标注尺寸、符号、编号、说明

从左至右画剖切到的墙体定位轴线和轮廓线；

    2）绘制剖切到的墙体轮廓线、楼层线、屋顶构造、构件线等；

    3）绘制未剖切到的构件轮廓线和细部等；

    4）校核，按照图线要求加深图线；

    5）标注高度尺寸，绘制必要的标高符号、索引符号等；

    6）轴线编号、写图名比例。

4.6 建筑详图的识读

4.6.1 建筑详图的形成、作用、命名

在建筑施工图中，由于建筑平面、立面、剖面图通常采用 1：100、1：150、1：200 等较小的比例绘制，表达建筑整体情况，反映的内容范围大，对建筑的一些细部（也称为节点）的形状、层次、尺寸、材料的详细构造和做法难以表达清楚。因此，为了满足施工要求，对建筑的细部构造用较大的比例，如 1：50、1：30、1：25、1：20、1：10、1：5、1：2、1：1 等将其形状、大小、材料层次和做法，按正投影的画法详细地表达出来，这样的图称为建筑详图，简称详图，也可称为大样图或节点图，是建筑三大基本图样（平、立、剖）的必要补允。

详图一般以建筑细部的具体构造名称命名，如门窗详图、楼梯详图、檐口详图、阳台详图、雨篷详图等。在施工图设计过程中，也会根据实际需要，在建筑平面、立面、剖面图和其他图中需要表达清楚建筑构造和构配件的部位引出索引符号，根据索引符号分母所指出的图纸，选用适当的比例画出索引部位的建筑详图，此时详图以详图符号命名，如图 4.6-1 所示。为表达更明确，有时构造名称与详图符号一起使用作为详图图名。

一套施工图中，建筑详图的数量视建筑工程的体量大小及难易程度来决定。

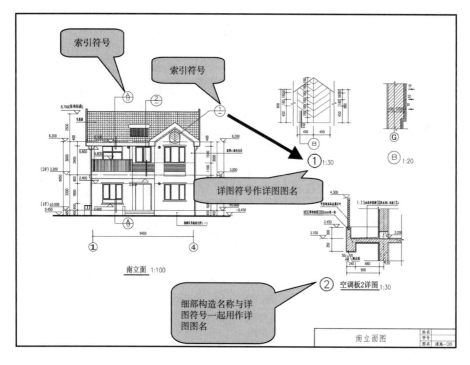

图 4.6-1　详图命名方式举例

〔关于索引符号〕

如图 4.6-2 所示，索引符号是由直径为 8 ～ 10mm 的圆和水平直径组成，圆及水平直径应以细实线绘制。图纸中如果遇到某一局部或构件需要另见详图时，应以索引符号索引，因此，索引符号是出现在图形中的。针对不同情况需要不同的索引符号。

1）索引部位的详图，如与被索引的详图同在一张图纸内，应在索引符号的上半圆中用阿拉伯数字注明该详图的编号，并在下半圆中间画一段水平细实线。如图 4.6-2（a）所示。

2）索引部位的详图，如与被索引的详图不在同一张图纸内，应在索引符号的上半圆中用阿拉伯数字注明该详图的编号，在索引符号的下半圆中用阿拉伯数字注明该详图所在图纸的编号。数字较多时，可加文字标注。如图 4.6-2（b）所示。

3）索引出的详图，如采用标准图，应在索引符号水平直径的延长线上加注该标准图册的编号。需要标注比例时，文字在索引符号右侧或延长线下方，与符号下对齐。如图 4.6-2（c）所示。

4）索引符号如用于索引剖视详图，应在被剖切的部位绘制剖切位置线，并以引出线引出索引符号，引出线所在的一侧应为剖视方向。如图 4.6-2（d）（e）（f）所示。

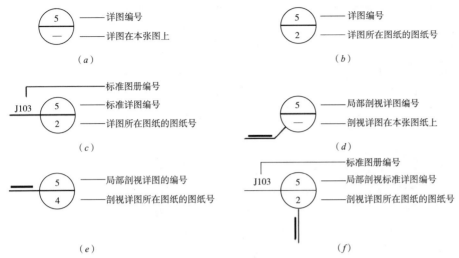

说明：标准图册是国家或地方颁布的构造设计标准图集，在实际工程中，有的详图可直接引用图集中的有关做法。

图 4.6-2　索引符号

[关于详图符号]

如图 4.6-3 所示，详图符号的圆以直径为 14mm 粗实线绘制，主要出现在详图图名位置。详图应按下列规定编号：

1) 详图与被索引的图样同在一张图纸内时，应在详图符号内用阿拉伯数字注明详图的编号，如图 4.6-3（a）所示。

2) 详图与被索引的图样不在同一张图纸内时，应用细实线在详图符号内画一水平直径，在上半圆中注明详图编号，在下半圆中注明被索引的图纸的编号，如图 4.6-3（b）所示。

图 4.6-3　详图符号

在同一套图纸中，详图符号与索引符号是一一对应关系，即有一详图符号，必有一索引符号与之相对应，反之，有一索引符号，必能找到一对应的详图符号。

4.6.2　建筑详图的识读

建筑详图作为建筑三大基本图样（平、立、剖）的必要补充，为便于对照读图，建筑详图常位于与建筑平面或立面或剖面同一张图纸的空白处，如图 4.6-1 中，详图与建筑立面图在同一张图纸上。建筑详图也会按同一类别集中位于图纸编号靠后的图纸上，如图 4.6-4 所示，门窗详图集中安排在同一张图纸上，且和门窗统计表一起。除此以外，楼梯详图、外墙墙身节点详图等一般都单独安排在图纸编号靠后的图纸上。

建筑详图的识读关键如下：

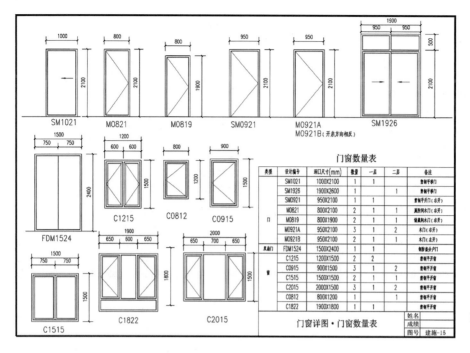

门窗数量表

类型	设计编号	洞口尺寸(mm)	数量	一层	二层	备注
	SM1021	1000X2100	1	1		复钢平开门
	SM1926	1900X2600	1		1	复钢平开门
	SM0921	950X2100	1	1		复钢平开门(右开)
门	MO821	800X2100	2	1	1	周高风木门(右开)
	MO819	800X1900	2	1	1	储藏室木门(右开)
	MO921A	950X2100	3	1	2	木门(右开)
	MO921B	950X2100	2	1		木门(左开)
双扇门	FDM1524	1500X2400	1	1		钢防盗分户门
	C1215	1200X1500	2	2		复钢平开窗
	C0915	900X1500	3	1	2	复钢平开窗
窗	C1515	1500X1500	2	1	1	复钢平开窗
	C2015	2000X1500	3	1	2	复钢平开窗
	C0812	800X1200	1		1	复钢平开窗
	C1822	1900X1800	1	1		复钢平开窗

门窗详图·门窗数量表

姓名	
成绩	
图号	建施-15

图 4.6-4　详图在图纸中的位置举例

1）理解详图符号与索引符号的一一对应关系；可由图纸中的索引符号找到对应的详图，进一步了解建筑细部的构造形状、层次、尺寸、材料的详细构造和做法等。反之，可由详图图名找出对应的索引位置。

2）熟悉常用材料图例表达。

3）熟悉建筑基本构造组成及构造所处位置。

4）对于表达构造层次的详图，理解引出线文字与构造层次的对应关系。如图 4.6-5 所示。图 4.6-5 是某屋顶与女儿墙连接处的节点详图，屋顶的构造层次由上至下用一条竖直引出线通过被引出的屋顶构造各层，在竖直引出线左侧用多条水平线加文字说明的形式依次表达出屋顶由上至下的构造层次，每条水平线加文字对应屋顶的一个构造层次。引出线的文字说明宜注写在水平线的上方，或注写在水平线的端部。当表达墙体等构造层次时，由上至下的文字说明标明的是墙体由左至右的构造层次。

［关于引出线］

如图 4.6-6 所示。引出线用于对图样上某些部位引出文字说明、尺寸标注、索引详图等，用细实线绘制。可采用水平方向的直线或与水平方向成 30°、45°、60°、90° 的直线。

引出文字说明时，文字说明宜注写在横线的上方，也可以注写在横线端部，如图 4.6-6（a）（b）（c）（d）所示；索引详图的引出线，引出线端部应对准索引符号圆心，如图 4.6-6（e）所示；对于同时引出几个相同部分的共用引出线，引出线应相互平行，也可以画成集中一点的放射状，如图 4.6-6（f）（g）所示。

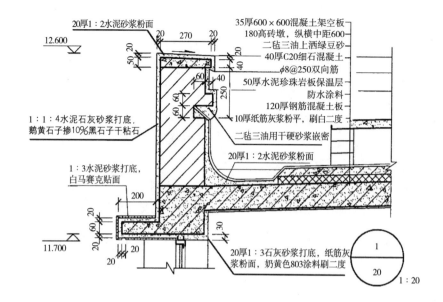

图 4.6-5　详图中的多层构造引出线运用举例

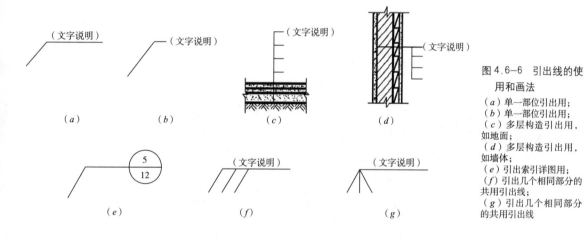

图 4.6-6　引出线的使用和画法
（a）单一部位引用；
（b）单一部位引用；
（c）多层构造引出用，如地面；
（d）多层构造引出用，如墙体；
（e）引出索引详图用；
（f）引出几个相同部分的共用引出线；
（g）引出几个相同部分的共用引出线

【在线课堂】

建筑平面图的绘制（二维码4）

二维码4

【课后实训】

阅读并抄绘一套建筑施工图。（教师自定或参考附录1图样）

要求：理解建筑施工图图纸之间的关系。先阅读平、立、剖等表达建筑基本概况的图纸，后阅读详图；注意有关图纸联系起来阅读，了解它们之间的关系，建立完整准确的工程概念。弄清建筑施工图图纸的数量、工程名称、地点、层数等基本信息。

评价等级	评价内容及标准
优秀 (90~100)	图面布局得当整洁，文字书写工整，图线符合线宽组要求，图纸表达符合制图深度要求，建筑符号应用恰当，尺寸规范，作图迅速，自觉完成任务
良好 (80~89)	图面布局得当整洁，文字书写基本工整，图线基本符合线宽组要求，图纸表达符合制图深度要求，建筑符号应用恰当，尺寸规范，作图较好，自觉完成任务
中等 (70~79)	图面布局适中，图面较整洁，文字书写适中，图线基本符合线宽组要求，建筑符号应用基本正确，尺寸较为规范，作图速度适中，自觉完成任务
及格 (60~69)	图面布局一般，图面较整洁，文字书写适中，图线基本符合线宽组要求，建筑符号应用基本正确，尺寸位置正确，作图速度一般，按时完成任务

【课后实训评价标准】

- 图纸布局是否均匀妥当
- 图形比例运用是否合理
- 图线粗细表达是否合理
- 尺寸标注是否规范合理
- 字体书写是否规范整齐
- 图例符号是否正确表达

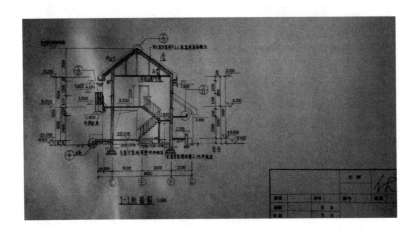

5

装饰施工图的识读与绘制

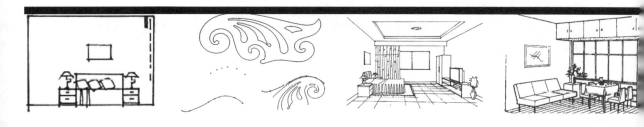

【知识与技能】

5.1 识读装饰施工图必知准备

5.1.1 装饰施工图的组成

装饰施工图是利用正投影的作图方法,表达装饰件(面)的材料及其规格、构造做法、饰面颜色、尺寸标高、施工工艺以及与建筑构件的位置关系和连接方法等的图纸,是装饰施工和管理的依据。主要内容如下:

1)图纸目录;

2)施工说明;

3)装饰平面布置图;

4)地面铺装图;

5)顶棚(天花)平面图;

6)各向立面图(墙柱装修立面图);

7)装修细部结构的节点详图
(家具图)。

图 5.1-1　装饰施工
图图纸目录举例

其中,图纸目录如图 5.1-1 所示。主要以表格形式体现图纸的编号、图纸内容等,便于图纸查找。施工说明主要以文字形式体现①工程概况、②设计依据、③设计说明、④工艺做法等。

5.1.2 现行国家建筑装修制图标准

装饰施工图的识读与绘制须遵循国家建筑装修制图标准。现行国家建筑装修制图标准是《房屋建筑室内装饰装修制图标准》JGJ/T 244—2011,如图 5.1-2 所示。

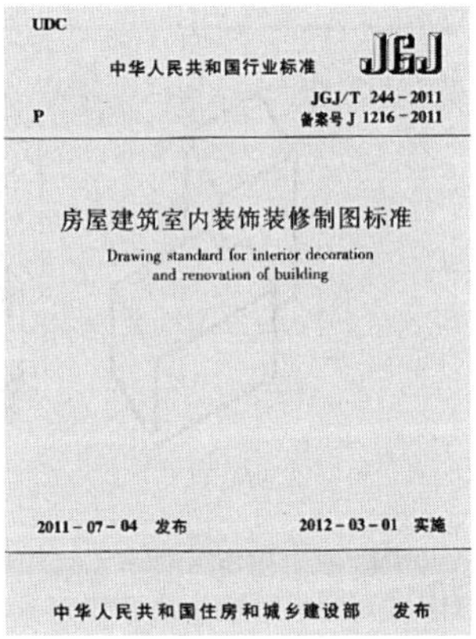

图 5.1-2　《房屋建筑
室内装饰装修制图
标准》

5.1.3 行为空间尺度

在装饰装修设计中,必须考虑必要的"家具设施尺度"、"人体行为动作尺度"、"心理舒适尺度"等占用空间范围大小,才能满足装饰装修带来的舒适愉悦。常见家具设施尺寸如图 5.1-3 ~ 图 5.1-5 所示。人的起居行为单元和进餐行为单元所占用空间尺寸,如图 5.1-6、图 5.1-7 所示。

5.2 装饰平面布置图

5.2.1 装饰平面布置图的形成及作用

装饰平面布置图的形成同建筑施工图中建筑平面图的形成一样,是假想一水平剖切面沿窗台之上高度将房屋剖切开后,移去处于剖切平面上方的房屋,将留下的部分按俯视方向在水平投影面上作正投影所得到的图样。和建筑平面

图 5.1—3 常见家具的
尺寸

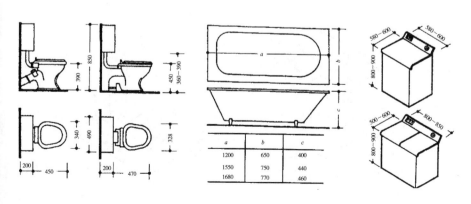

图 5.1—4 常用卫生间
设施尺寸

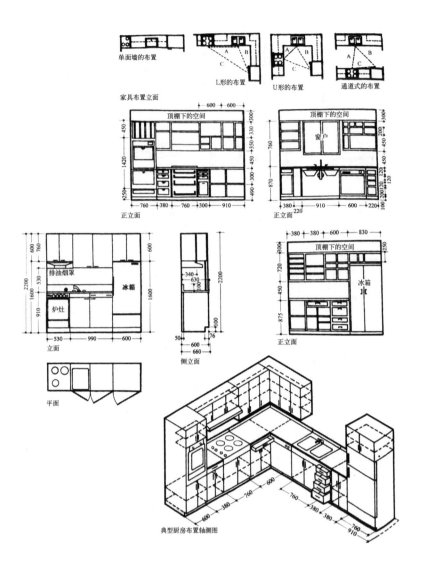

图 5.1-5　常见厨房布置方式对空间尺寸的要求

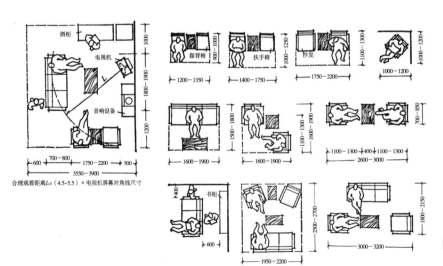

图 5.1-6　人的起居行为单元空间尺寸

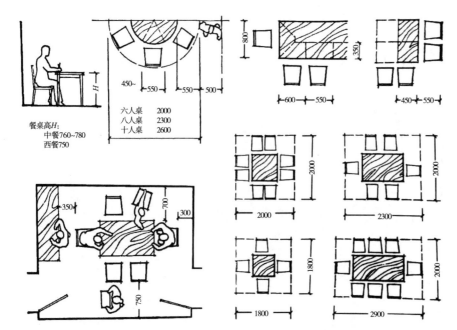

图5.1-7 人的进餐行
为单元空间尺寸

图相比，装饰平面布置图从建筑功能分区和装饰艺术创新且富于个性的角度出发，提出对室内空间的合理利用，主要利用装饰平面图图例的形式，图示出房间内部家具、陈设、设备、绿化、饰面材料等的摆放位置，在表达内容上比建筑平面图更为精细。如图5.2-1所示。

装饰平面布置图是进行家具、设备购置、材料购置以及装饰施工的编制依据。

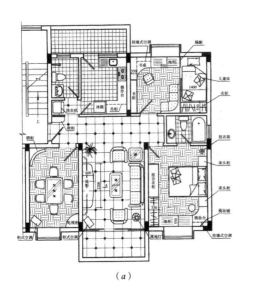

（a）

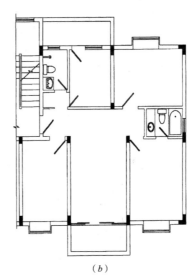

（b）

图5.2-1 装饰平面布
置图与建筑平面图
的对比
（a）装饰平面布置图；
（b）建筑平面图

5.2.2 装饰平面布置图的图示内容

如图5.2-2所示，图示内容要点如下：

1）图名及比例；

2）装饰空间的平面结构形式、尺寸；

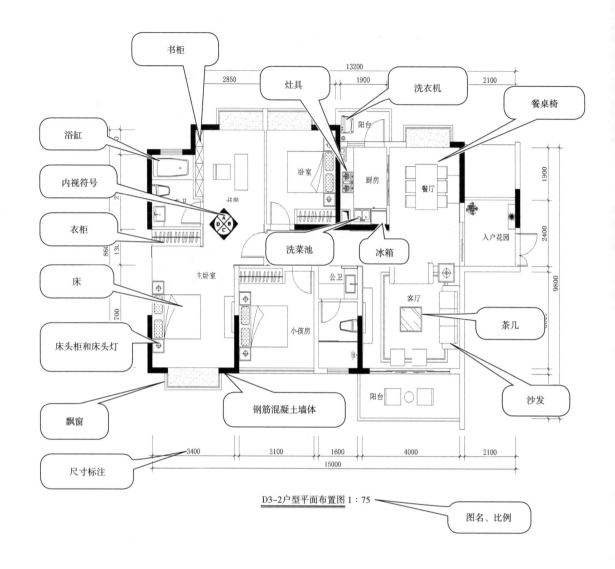

书柜

灶具

洗衣机

餐桌椅

浴缸

内视符号

衣柜

床

床头柜和床头灯

飘窗

尺寸标注

洗菜池

冰箱

钢筋混凝土墙体

茶几

沙发

图名、比例

D3-2户型平面布置图 1∶75

阳台

卧室

厨房

餐厅

入户花园

公卫

小孩房

客厅

主卧室

阳台

13200
2850   1900   2100
1900
2400
9800

3400   3100   1600   4000   2100
15000

3）各功能空间的家具、家电的形状和位置；

4）各功能空间的设施如厨房橱柜、操作台和卫生间的洗手台、浴缸、大便器等形状和位置

5）隔断、绿化、装饰构件、装饰小品的位置；

6）地面装饰的位置、形式、规格、要求（根据复杂程度可另外图示）；

7）相关符号标注及相关的装修尺寸；

8）对材料、工艺必要的文字说明。

图 5.2-2　装饰平面布置图图示内容举例

5.2.3　装饰平面布置图的识读步骤与方法

识读前请做好如下准备：

1）理解装饰平面布置图的形成原理；

2）熟悉常用的建筑构配件图例；

3）熟悉常用的装饰平面布置图图例。如图 5.2-3 所示。

识读步骤与方法具体如下：

步骤一：读图名，了解该图是哪个楼层的或哪户型的或哪个房间的。

步骤二：如果是某层的装饰平面布置图或某户型的装饰平面布置图，此时，读各个房间的名称，便于对各功能空间对装饰面的要求、对工艺的要求做到心中有数。

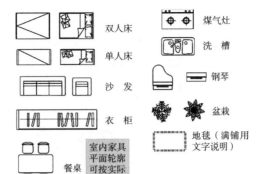

图 5.2-3 装饰平面布置图部分图例

步骤三：读轴线编号，了解装饰空间的建筑结构类型是框架还是混合，并依次了解各装饰房间在整个建筑物中的位置。

步骤四：读建筑构造的图例、图形和标注，与装饰空间关联的建筑构配件位置、形状和尺寸，比如门窗、楼梯等。

步骤五：读装饰平面图例、图形和标注，装饰空间中的装饰件（面）名称、材料、形状、尺寸，与建筑构配件之间的关系。

步骤六：读图中符号，如内视符号、索引符号、剖切符号、标高符号等，以便了解对应空间的立面图投影方向、详图索引部位、剖切位置、装饰空间内各位置的高差变化等。其中，内视符号对于引出对应的装饰立面图很重要，如图 5.2-4 所示，有单面、双面、四面以及带立面索引的内视符号，绘制时圆圈用细实线绘制，其直径为 8 ～ 12mm。

步骤七：读图中文字说明，了解设计者意图。

图 5.2-4 内视符号
（a）单面内视符号；
（b）双面内视符号；
（c）四面内视符号；
（d）带索引的内视符号

5.2.4 装饰平面布置图的绘制步骤与方法

如图 5.2-5 所示，装饰平面布置图的绘制主要是在建筑平面图的墙体结构基础上，添加室内各房间家具设施，进行装饰件的绘制，并进行相关的装饰尺寸标注、文字标注、图名注写等。具体绘制步骤与方法如下：

1）选比例、定图幅。常采用比例为 1：100 ～ 1：50。

2）根据建筑平面图或现场测绘的数据依次画出轴线、墙或柱、门窗洞口的底稿线。

3）划分地面铺装分格线（地面铺装图案简单时可与平面布置图合并一起画），绘制固定设备形状（如卫生洁具等）。

4）绘制可移动的家具、家电、绿化、装饰构件、陈设品的形状及位置（只需要按照比例、按图例绘制，符合人体"行为单元"所占的空间范围即可，不必要标注尺寸）。

5）校核图样,无误后加深整理图线（建筑主体结构墙或柱用粗实线;家具、设施和装饰构件造型轮廓线用中实线;其他轮廓线如图案等用细实线表示）。

6）标注尺寸、标注符号如剖切符号、详图索引符号、室内内视符号等。

7）书写图名、文字说明。

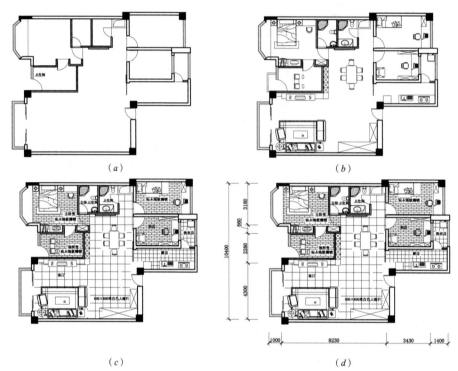

图 5.2-5　装饰平面布置图的绘制步骤与方法举例
（a）先绘制出建筑平面结构;
（b）添加各房间家具设施;
（c）添加各房间地面铺装;
（d）尺寸标注、文字标注等

5.3　地面铺装图

5.3.1　地面铺装图的形成及作用

地面铺装图的形成原理与装饰平面布置图相同，是作水平正投影得到的。与装饰平面布置图不同的是，地面铺装图主要表达各功能空间的块材地面的铺装形式，以及地面装饰图案、造型的形状与尺寸、地面材料的名称规格、色彩、铺贴顺序方式、工艺等。

当地面铺装情况比较简单时，可以将地面铺装合并在装饰平面布置图表达，如图5.2-5所示;但当地面铺装情况比较复杂时,地面铺装图必须单独绘制。

地面铺装图是地面铺装施工的依据，也是地面材料采购的参考图样。

5.3.2　地面铺装图的图示内容

如图5.3-1所示。地面铺装图的图示内容要点如下：

1）图名、比例;

2）墙柱平面结构，门窗洞口;

3）室内固定设施与地漏；

4）块材铺装形式、拼花图案造型、铺贴顺序等；

5）注明地面装饰面层所选用的材料名称、规格、颜色等；

6）地面标高、坡度方向和坡度值；

7）铺装的房间尺寸；

8）有特殊要求的还要注明工艺做法等。

5.3.3　地面铺装图的识读步骤与方法

步骤一：读图名，了解该图是哪个楼层的或哪户型的或哪个房间的。

步骤二：读房间对应的地面铺装材料名称、规格、颜色。

步骤三：从标高和坡度方向、坡度值了解地面高差及坡度要求。

步骤四：从尺寸标注和固定设施等了解实际地面铺贴面积。

步骤五：对复杂地面铺装图案的详图进行阅读，了解详细尺寸与做法。

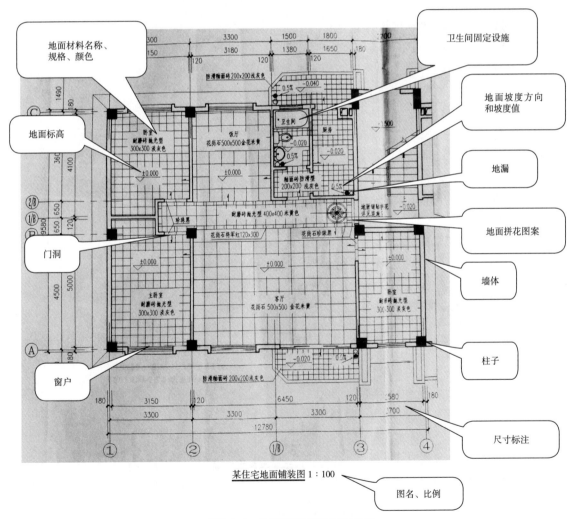

图 5.3-1　地面铺装图图示内容举例

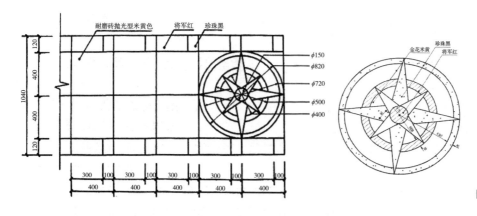

图 5.3-2 地面拼花图
案详图举例

如图 5.3-1 中的地面拼花图案，必须通过图 5.3-2 所示的详图才能了解该图案的详细尺寸与做法。

步骤六：读相关文字说明，了解相关的施工工艺做法要求。

5.3.4 地面铺装图的绘制步骤与方法

地面铺装图的绘制比例和步骤和装饰平面布置图基本相同。即在建筑墙体、柱子结构平面基础上，划分地面铺装分格线，绘制固定设备形状（如卫生洁具等），用引出线加文字的形式表明地面材料名称、规格、颜色，标注相关尺寸、标注标高、坡度等，最后书写图名、文字说明。

5.4 顶棚平面图

5.4.1 顶棚平面图的形成及作用

顶棚平面图的形成原理如图 5.4-1 所示。即假想从房屋门窗洞口上方沿水平方向剖切后，对剖切平面上方的部分作镜像水平正投影所得到的图样（将顶棚相对的地面看作是一面大镜面，顶棚的形象如实地映照在镜面上，此时，映照在镜面的顶棚图像就是顶棚的镜像正投影）。

由于顶棚平面图的形成是由镜像映照作正投影得到，所以，顶棚平面图的命名如"XXX 顶棚平面图（镜像）1 : 50"所示，在图名后需加"（镜像）"字样。

对于同一个空间来说，顶棚平面图和装饰平面布置图相比，房间主体结构表达是完全一样的，只是结构房间内部内容表达不同，门的投影绘制略有不同。如图 5.4-2 所示。

顶棚平面图是进行顶棚材料准备和施工、顶棚灯具及其他设备等购置和安装的依据。

完整的顶棚施工图应包括顶棚平面图、节点详图、装饰详图等。

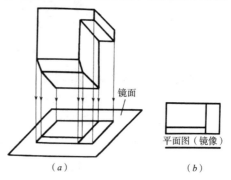

（a）　　　　　（b）

图 5.4-1 顶棚平面图
的形成原理

5.4.2 顶棚平面图的图示内容

顶棚平面图主要用投影线和图例表达顶棚造型、构造形式、材料要求、灯具位置、数量、规格以及顶棚上设置的其他设备如空调、消防情况等内容。如图5.4-3所示。顶棚平面图图示内容要点如下：

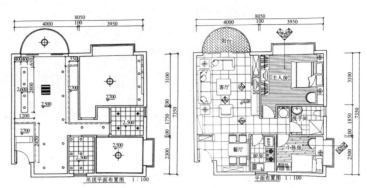

图 5.4-2　装饰平面布置图与顶棚平面图的房间对应举例

1）图名、比例；

2）墙柱平面结构,门窗位置；

3）顶棚造型、构造形式、材料要求及其定形、定位尺寸,吊顶标高；

4）灯具类型、规格、数量、位置；

5）顶棚上有关附属设施如空调系统的风口、消防系统的烟感报警器和喷淋头、多媒体投影机、音响系统等的外露件规格、位置等；

6）窗帘的图示位置；

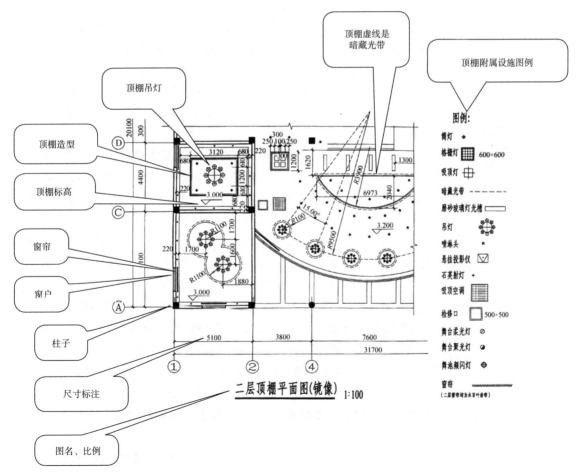

图 5.4-3　顶棚平面图图示内容举例

7）节点详图的索引符号、剖切符号或断面符号等；

8）房间轴线间尺寸或净长尺寸标注。

5.4.3 顶棚平面图的识读步骤与方法

步骤一：读图名与轴线编号，了解该顶棚平面图与装饰平面图的房间对应关系。

步骤二：通过投影图线，读顶棚的装饰造型形式、尺寸、装修方法、标高，如果是某层的顶棚平面图或某户型的，要按房间顺序依次识图。

步骤三：通过灯具图例，读顶棚上灯具的类型、规格、数量和位置。灯具图例一般会以表格或其他形式绘制在顶棚平面图附近，如图5.4-3和表5.4-1所示。

顶棚平面灯具图例表格举例

表5.4-1

序号	名称	图例	序号	名称	图例
1	吸顶灯	⊗	7	方形栅格灯	
2	筒灯	⊕	8	单管栅格灯	
3	射灯	⊕	9	双管栅格灯	
4	导轨射灯		10	暗藏灯带	
5	壁灯		11	防水灯	●
6	吊灯	⊗	12	日光灯	

步骤四：通过其他附属设施图例，读有关的附属设施情况。如空调风口、消防报警系统、多媒体音响系统、投影机、吊扇、窗帘等的外露件规格、位置等。图例如图5.4-3所示。

步骤五：读（顶棚节点详图的）索引符号、剖面符号或断面符号，查阅相关详图，以进一步了解索引部位、剖切部位的构造做法等。

步骤六：读相关的文字说明。

5.4.4 顶棚平面图的绘制步骤与方法

顶棚平面图主要是在建筑平面图墙体结构基础上，加入了顶棚材料和装饰件的名称、规格、尺寸位置以及顶棚底面的标高等。具体绘制步骤与方法如下：

1）选比例、定图幅。比例同装饰平面布置图。

2）依次画出轴线、墙或柱、门窗洞口的底稿线。

3）绘制顶棚的装饰造型形状尺寸（包括浮雕、线脚等，浮雕、线脚用示意法绘制即可）。

4）按规定图例绘制顶棚上有关的附属设施如灯具、空调风口、消防报警系统及音响系统的位置、窗帘盒的图示位置等。

5）校核图样，无误后加深整理图线（建筑主体结构墙或柱用粗实线；设施和顶棚装饰构件造型轮廓线用中实线；其他轮廓线、图案等用细实线表示）。

6）标注尺寸、标注符号如标高符号、剖切符号、详图索引符号等。

7）书写图名、文字说明。

5.5 室内立面图

5.5.1 室内立面图的形成及作用

装饰立面图分为两大类：

1）外观装饰立面图；

2）室内各向立面图。

对于外观装饰立面图来说，常见的有店面门头装饰立面图、新改造的建筑外观装饰立面图等。如图 5.5-1 所示。外观装饰立面图形成同建筑立面图。

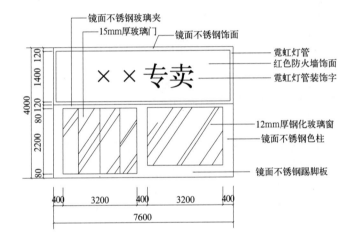

图 5.5-1 外观装饰立面图举例

对于室内各向立面图来说，则有两种表现形式：

1）剖面图形式。适用于房间有吊顶的复杂情况。是假想将房间沿着门窗洞口部位进行竖直方向的剖切，移走一部分，作剩余另一部分的正投影而得。此时，图样不仅反映室内墙、柱面的装饰造型、材料规格、色彩与工艺，还反映出墙、柱与顶棚之间的相互联系、吊顶的做法等。如图 5.5-2 (a) 所示。绘制时需要画出被剖切到的侧墙和顶部的楼板和顶棚等。

2）立面图形式。适用于房间不设吊顶的情况。是假想人站在房间内，面对某方向墙、柱面直接作正投影而得。此时，图样仅重点突出地面以上，顶棚以下的墙、柱面装饰内容，不能反映墙、柱与顶棚之间相互联系的全貌。如图 5.5-2 (b) 所示。绘制时不需要侧墙和顶部的楼板和顶棚等。

室内立面图的命名：

1）一般以装饰平面图中的内视方向命名，如客厅 A 向立面图、客厅 B 向立面图等；

2）用立面相关范围的轴线命名，如②～③立面图；

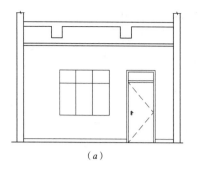
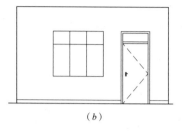

（a）   （b）

图 5.5-2　室内立面图
表达形式举例
（a）剖立面图；
（b）立面图

3）直接用立面或装饰物名称命名，如屏风立面、主卧室电视墙立面等；

4）以指北针方向为准，采用"东、西、南、北"给立面图命名，如主卧室南立面。

室内立面图是进行墙面装饰施工和墙面装饰物布置等工作的依据。

5.5.2　室内立面图的图示内容

如图 5.5-3 所示。室内立面图的图示内容要点如下：

1）图名、比例；

2）墙、柱面的装饰造型、材料规格、色彩与工艺做法；

3）墙、柱面的装饰物如挂画、镜子等的位置、形状；

4）紧挨墙、柱面的家具陈设立面投影；

5）有吊顶的剖面图形式，图示出墙、柱与顶棚之间的相互联系，吊顶标高、材料做法等；

6）必要的位置尺寸，墙、柱面长度、高度尺寸等；

7）必要的索引符号、剖切符号等。

5.5.3　室内立面图的识读步骤与方法

步骤一：读图名、比例，与装饰平面图中的内视符号对照，明确该立面图所示墙面在房间中的位置及投影对应关系。

步骤二：看墙柱面上的装饰造型，了解该向立面包含哪些装饰面构件，以及它们的材料规格、构造做法、颜色等。

步骤三：与装饰平面图对照识读，了解室内家具、陈设、壁挂等的立面造型。

步骤四：根据图中尺寸、文字说明，了解室内家具、陈设、壁挂等的规格尺寸、位置尺寸、装饰材料和工艺要求。

步骤五：看吊顶构造和尺寸，了解顶部与墙身的联系。

步骤六：看尺寸标注和标高，了解立面的总宽、总高，了解各装饰件（面）的形状尺寸和定位尺寸。

步骤七：读索引符号、剖切符号，查阅对应的详图、剖面详图等有关图纸，了解对应细部构造做法。如立面图中各不同材料饰面之间的衔接收口方式、工艺材料；装饰结构与建筑结构的衔接方法和固定方式等。

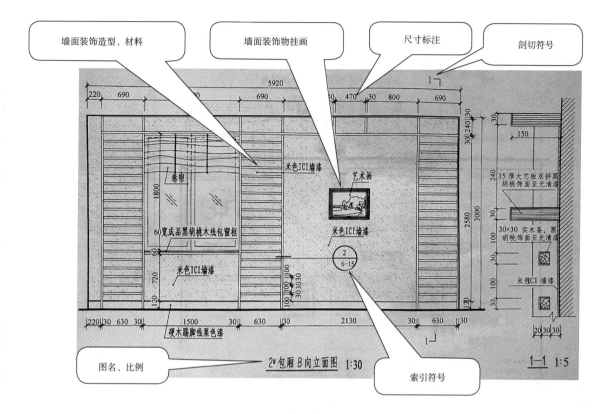

墙面装饰造型、材料

墙面装饰物挂画

尺寸标注

剖切符号

米色ICI墙漆

艺术画

米色ICI墙漆

卷帘

60宽成品黑胡桃木线包窗框

米色ICI墙漆

硬木踢脚线栗色漆

15厚大芯板双拼黑胡桃饰面亚光清漆

30×30 实木条,黑胡桃饰面亚光清漆

米包CI 墙漆

2#包厢B向立面图 1:30

1—1 1:5

图名、比例

索引符号

5.5.4 室内立面图的绘制步骤与方法

1)选比例、定图幅；

不复杂的立面，可采用比例 1：100～1：50；较复杂的立面，可采用比例 1：50～1：30；复杂的立面，可采用比例 1：30～1：10。

2)画出地面、楼板位置线及墙面两端的定位轴线等；

3)画出吊顶造型轮廓、墙裙、踢脚分界线；

4)画出墙面的主要造型轮廓线；

5)画出墙面次要轮廓线；

6)画出门窗、隔断等设施的高度尺寸线；

7)画出绿化、组景、设置的高低错落位置线；

8)校核图样，无误后加深整理图线（地坪线用加粗线，建筑主体结构的梁、板、墙剖面轮廓用粗实线；门窗洞口、吊顶轮廓、墙面主要造型轮廓线用中实线；其他次要的轮廓线如装饰线、浮雕图案等用细实线表示）；

9)标注尺寸，标注符号如剖面符号、详图索引符号等；

10)书写图名、文字说明。

在绘制室内立面图时，为同时展现同一空间各个墙面的装饰情况，室内立面图宜画在同一张图纸上，甚至将各个相邻的立面图连接起来画在同一张图纸上，此时，这样的立面图称为立面展开图。如图5.5-4所示。

图 5.5-3 室内立面图图示内容举例

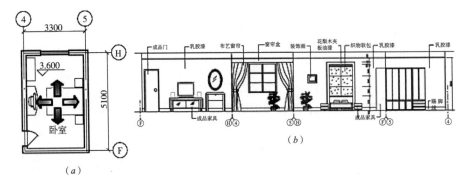

图 5.5-4 某卧室室内
立面展开图举例
（a）卧室平面布置图；
（b）卧室立面展开图

对一些正投影难以表达准确尺寸的弧形或异形曲折的连续立面，利用立面展开图来表达最为合适。如图 5.5-5 所示。

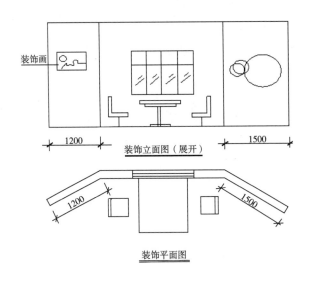

图 5.5-5 某餐厅室内
立面展开图举例

5.6 装饰详图

5.6.1 装饰详图的形成及作用

装饰详图指的是装修细部的局部放大图、剖面图、断面图等。即对造型和构造做法比较复杂的装饰部位或装饰件（如地面和墙面不同材料饰面之间的衔接收口处；装饰构件与建筑结构的衔接方法和固定方式等；现场加工的门窗、家具、装饰物等），用较大比例（如 1：20，1：10，1：5，1：2，1：1）画出的剖切图或断面图或放大图。

装饰详图往往是与装饰平面布置图、立面图、顶棚平面图等图中的索引符号、剖切符号、断面符号等相对应画出的。如图 5.6-1 中右边的 1-1 剖面图是用 1：5 的比例画的剖切详图，对应的位置是立面图中的剖切符号。

装饰详图是对室内装饰平面图、立面图、顶棚平面图等图的重要补充。

按照图示内容不同，有：吊顶节点详图、墙身节点详图、造型图案详图、家具和装饰物详图等。如图 5.6-2 ~ 图 5.6-5 所示。

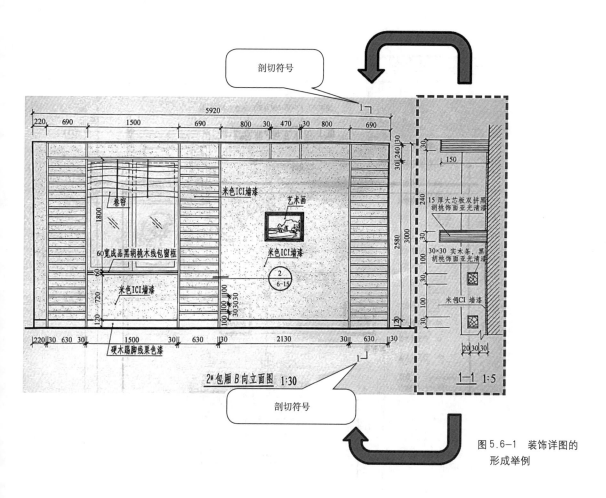

图 5.6-1 装饰详图的形成举例

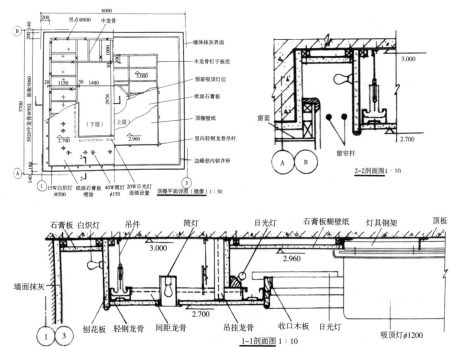

图 5.6-2 吊顶剖面节点详图举例

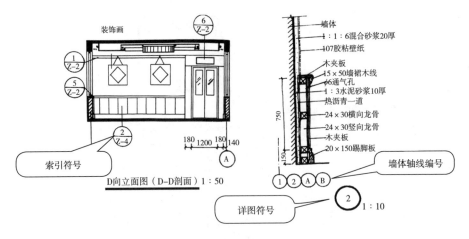

D向立面图（D-D剖面）1:50

图 5.6-3　墙身节点详图举例

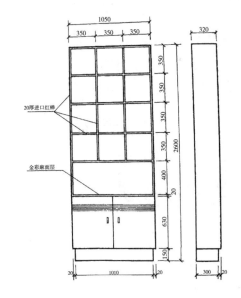

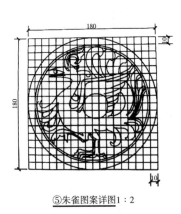

⑤朱雀图案详图1:2

图 5.6-4　家具详图举例（左）
图 5.6-5　造型图案详图举例（右）

5.6.2　构件节点详图的图示内容

装饰详图主要表达内容如下：

1）图名、比例；

2）装饰构配件的结构形式、材料情况及与主要支撑件之间的相互关系；

3）装饰构配件的详细尺寸、做法及施工要求；

4）装饰构配件与建筑结构之间的详细衔接尺寸与衔接方式；

5）不同装饰面之间的对接方式，即不同装饰面之间的收口、封边材料与尺寸；

6）装饰面上的设备安装方式或固定方法，装饰面与设备之间的收口方式；

7）相关文字说明，详尽描述用材、做法、材质色彩、规格大小等要求。

5.6.3　构件节点详图识读步骤与方法

步骤一：读图名找位置。因为装饰详图的图名往往是与装饰平面图、立面图、顶棚平面图等图中的索引符号、剖切符号、断面符号等相对应出现的，因此，通过图名和查寻对应的索引符号或剖切符号，可以确定该详图对应的细部位置。

步骤二：读对应位置图时，一定要注意剖切的位置、方向，此时的详图是否与该剖切的位置、方向相符合。

步骤三：读尺寸和相关文字描述，从中了解装饰构配件的详细尺寸、做法及施工要求；不装饰面之间的对接方式等。

5.6.4 装饰详图的绘制步骤与方法

为便于施工，装饰详图必须做到图形构造清晰、尺寸标注完整准确。同时，针对图示内容的不同，详图比例选用根据所绘制内容，可选用 1：20、1：10、1：5、1：3、1：2、1：1 等不同比例。装饰详图的绘制步骤与方法也不尽相同。如图 5.6-6 所示，以某墙身的墙裙装修节点详图为例的绘制步骤与方法如下：

1）画出墙体、地面、墙裙和踢脚的位置线；

2）画出防潮层、木龙骨、木夹板的位置轮廓线；

3）画出墙裙木线和踢脚板的位置轮廓线；

4）校核图样，无误后加深整理图线；

5）进行尺寸标注、文字做法说明等。

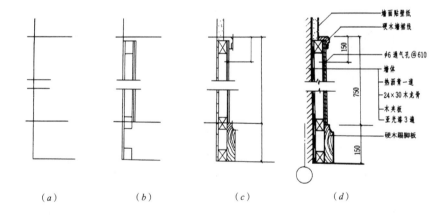

| (a) | (b) | (c) | (d) |

图 5.6-6 墙身墙裙详图绘制举例

【在线课堂】

装饰施工图的绘制（二维码 5）

二维码 5

【课后实训】

阅读并抄绘一套装饰施工图（教师自定或参考附录 2 图样）。

【课后实训评价标准】

评价等级	评价内容及标准
优秀 (90~100)	图面布局得当整洁，文字书写工整，图线符合线宽组要求，图纸表达符合制图深度要求，建筑符号应用恰当，尺寸规范，作图迅速，自觉完成任务
良好 (80~89)	图面布局得当整洁，文字书写基本工整，图线基本符合线宽组要求，图纸表达符合制图深度要求，建筑符号应用恰当，尺寸规范，作图较好，自觉完成任务
中等 (70~79)	图面布局适中，图面较整洁，文字书写适中，图线基本符合线宽组要求，建筑符号应用基本正确，尺寸较为规范，作图速度适中，自觉完成任务
及格 (60~69)	图面布局一般，图面较整洁，文字书写适中，图线基本符合线宽组要求，建筑符号应用基本正确，尺寸位置正确，作图速度一般，按时完成任务

6

建筑装饰测绘

【知识与技能】

6.1 测绘目的与内容

建筑装饰测绘的目的：促进学生对建筑装饰二维图纸与建筑三维空间对应关系的理解，提高学生运用测量工具测量数据并绘制装饰图纸的能力，熟悉装饰图纸之间的关系。

测绘内容：分组测量已装修好的某建筑内部空间，并绘制出该功能空间的①装饰平面布置图、②各向装饰立面图、③顶棚平面图。如图 6.1-1 所示的教室、会议室、休息室等空间的测绘。

（a） （b）

图 6.1-1 装饰测绘空间举例
（a）教室；
（b）会议室

6.2 测绘工作准备

6.2.1 测绘流程

在明确测绘任务之后，须熟悉测绘流程。测绘流程如图 6.2-1 所示。

1	2	3	4	5	6	7	8
工具准备	现场草图	现场测量	整理测量数据	仪器绘图	校验图样	修改完善	提交

图 6.2-1 装饰测绘流程图

6.2.2 测绘工具

如图 6.2-2 所示，测量工具主要如下：

1）钢卷尺（3～5m）；

2）皮卷尺（30m）；

3）绘图笔（两种颜色）；

4）草稿纸（若干）；

5）A3 图纸（4 张）；

6）照相机（或手机拍照）；

7）其他测绘工具，如激光测距仪、手电筒等。

图 6.2-2 装饰测量工具

6.3 测绘要点

6.3.1 测绘过程要点

1）测绘人数以 3 ~ 4 人为小组单位分工协作进行。

2）先徒手用线条画出成比例的现场空间对应的平面、立面轮廓草图（可用蹓步丈量或数地板砖方法），如图 6.3-1 所示。

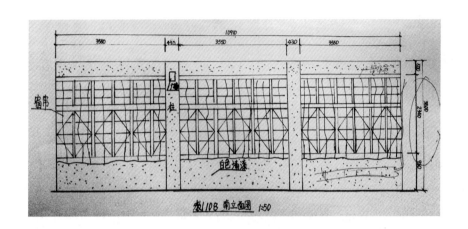

图 6.3-1 装饰测绘草
图举例

3）为避免出现漏测，按顺时针或逆时针方向顺序依次测量。

4）将实际所测数据在草图中进行相应标注，并记住预留细节，如：门、窗等位置。

5）在草图数据基础上利用尺规仪器规范作图。

6）校验图样是否有遗漏数据或误测数据，进行必要的修改完善。

测绘过程中需注意以下事项：

1）在平面草图中用指北针标明方向。

2）记录数据时，单位为 m 或 mm，始终保持一致。

3）相邻墙角不是 90° 时，可以采用拉对角线的方法以确定角度关系。

4）遇到圆柱等曲面测量时，可采用皮卷尺围绕先测周径长度，再换算半径或直径标注。

5）利用相机记录拍摄测绘空间状况，便于绘图过程中的校对。

6）测量位置的选取要合理，如利用墙角保持竖直测量高度，利用墙面与地面的交线保持水平测量长度等。

6.3.2 测绘内容要点

测绘内容的关键是测量确定出空间内门窗洞口、固定设施及可移动家具设施等部位的位置、形状。具体如下：

1）房屋本身结构、构造部分如墙体、柱子、门窗洞口的位置形状尺寸

2）固定设施的位置形状尺寸

A. 地面上的水池、橱柜、马桶、拖布池、洗手台等本身形状尺寸和离墙尺寸；

B. 紧贴墙面上的水池、橱柜、马桶、拖布池、洗手台、管道等本身高度尺寸、离地尺寸、离顶棚尺寸；

C. 墙面上的附属设施如黑板、音响、空调、开关、插座、钟表、挂画、镜子、管道等的位置形状尺寸；

D. 顶棚上的装饰造型形式尺寸、附属设施如灯具、空调风口、消防报警系统、音响系统、投影设施、吊扇、窗帘盒等形状位置尺寸和离墙尺寸。

3）可移动家具设施的位置形状

A. 地面上的可移动家具设施如桌子、椅子、家电等本身形状尺寸和离墙尺寸；

B. 地面上可移动家具设施紧贴在墙面上的高度位置尺寸。

6.4 测绘图样要求及举例

1）根据所测空间选择合适的比例，比例可用 1 ：100 ～ 1 ：50。其中装饰平面布置图和顶棚平面图的比例须保持一致。

2）图名及比例书写，须规范合理，并具体到建筑房间名称，如：

教一楼 608 教室平面布置图 1 ：50

3）图例运用正确。

4）图线粗细合理表达。

5）尺寸标注要规范。

6）装饰平面布置图须绘制出指北针、标注地面标高等；各向立面图采用立面表现形式；顶棚平面图图名须加"（镜像）"，标注顶棚标高等。

7）相关引线文字标注等位置合理、规范。

8）图纸布置合理均匀。

某测绘空间（图 6.4-1）与测绘图样（图 6.4-2）举例如下：

【在线课堂】

（a）

（b）

图 6.4-1 某教师休息室空间

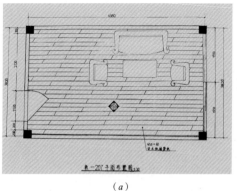
（a）

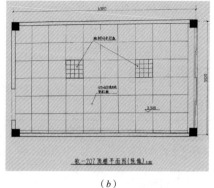
（b）

（c）

图 6.4-2　某教师休息室测绘图样
（a）平面布置图；
（b）顶棚平面图；
（c）各向立面图

装饰测绘（二维码6）

二维码6

【课后实训】

根据测量数据绘制出所测量空间的：

1. 装饰平面布置图

2. 各向立面图

3. 顶棚平面图

要求如下：

1. 测绘空间选择自定，不得重复。以 3～4 人为小组为单位进行。小组成员团结协作完成某空间的测绘任务。

2. 图纸装订，图纸标题栏标清测绘成员姓名、学号、班级等信息。

3. 用 A4 纸打印若干呈现测绘空间内部状况的照片，且装订在测绘图纸前面。

4. 图纸布置合理,图线粗线运用合理;尺寸标注规范,符号运用正确,图名、比例合理。

【课后实训操作评价标准】

评价等级	评价内容及标准
优秀 (90～100)	图纸表达内容符合所测空间,且表达完整,图面布局得当整洁,文字书写工整,图线符合线宽组要求,符号应用恰当,尺寸规范,作图迅速,自觉完成任务
良好 (80～89)	图纸表达内容符合所测空间,且表达基本完整,图面布局得当整洁,文字书写基本工整,图线基本符合线宽组要求,符号应用恰当,尺寸规范,作图较好,自觉完成任务
中等 (70～79)	图纸表达内容符合所测空间,且表达基本完整,图面布局适中,图面较整洁,文字书写适中,图线基本符合线宽组要求,符号应用基本正确,尺寸较为规范,作图速度适中,自觉完成任务
及格 (60～69)	图纸表达内容符合所测空间,且表达基本完整,图面布局一般,图面较整洁,文字书写适中,图线基本符合线宽组要求,建筑符号应用基本正确,尺寸位置正确,作图速度一般,按时完成任务

建筑装饰制图

7

室内透视图的绘制

【知识与技能】

7.1 透视基本知识

7.1.1 透视图的形成、术语

如图 7.1-1 所示，人眼穿透玻璃观看景物的中心投影方法叫透视，玻璃板上所记录下的图像叫透视图。此时，人眼相当于投射中心，视线相当于投射线。

透视图是采用中心投影法作出的单面投影，是用二维平面表达三维空间的一种方式，呈现出近高远低，近大远小，近疏远密的特点，非常接近于人眼直接观察的逼真视觉效果，是绘制室内外效果图的基础。

根据图 7.1-1 所示，透视图的形成需要三个要素：①视点；②形体；③透明玻璃画面。其中，②形体是指设计对象，在现实中还未真实存在的，相关形状、尺寸大小与设计图纸紧密相关；③透明玻璃画面是假想的。为便于透视作图，结合图 7.1-2，将作图的相关术语与符号介绍如下：

1) $P.P$ (Picture Plane) ——画面

2) $G.P$ (Groud Plane) ——地面

3) $G.L$ (Groud Line) ——基线（又称地平线）

4) $H.P$ (Horizal Plane) ——视平面

5) $H.L$ (Horizontal Line) ——视平线

6) $S.L$ (Sight Line) ——视线

7) $C.V$ (Central Vertical) ——视中心点（心点）

8) $C.L$ (Central Line) ——视中心线

9) S (Standing 或 E 表示，Eye Point) ——视点

10) s (Standing Point) ——站点

11) h (Visual High) ——视高

12) D (Distance) ——视距

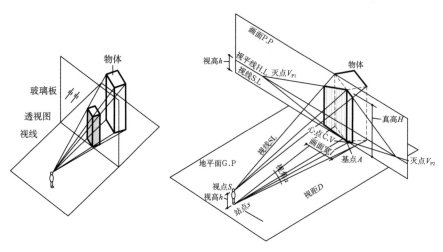

图 7.1-1 透视图的形成（左）
图 7.1-2 透视的相关术语（右）

13）*H*（True high line）——真高线

14）*V*（Visual Point）——灭点（消失点，或 *F* 表示）

7.1.2 透视的种类及应用

根据视点、形体、透明玻璃画面三者之间相对位置的不同，建筑形体的透视形象也就有所不同。常使用的透视图大致可分为一点透视、两点透视、三点透视三类。宜根据建筑形体本身的特点和表现要求选择合理的透视图表达。

（1）一点透视（又称平行透视）

如图 7.1-3 所示，即假想当竖直画面 *P* 和建筑形体主立面平行，且视点 *S* 位于画面正前方时，所得透视图只在形体的宽度进深方向有一个灭点。

一点透视可以呈现出室内空间的正前方及其上、下、左、右五个界面的状况，

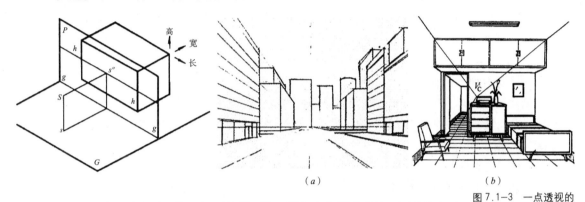

（*a*）　　　　　　　（*b*）

纵深感强，且只有一个灭点，作图相对简单，常用于室内空间的表达，如图 7.1-4 所示。在室外则常用于沿路街景的表达。

（2）两点透视（又称成角透视）

如图 7.1-5 所示，即假想当竖直画面 *P* 和建筑形体的两个相邻主立面都不平行、都成倾斜夹角，且视点 *S* 位于画面正前方时，所得透视图在形体的长度和宽度方向会各有一个灭点。

两点透视可以呈现出室内空间的上、下、左、右四个界面的状况，图面效果

图 7.1-3　一点透视的
　　　　　形成（左）
图 7.1-4　一点透视应
　　　　　用举例（右）
（*a*）室外应用举例
（*b*）室内应用举例

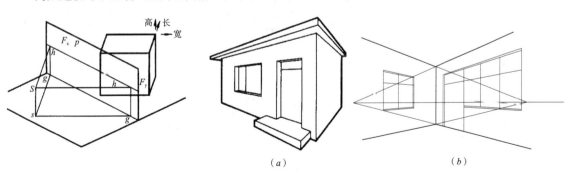

（*a*）　　　　　　　（*b*）

比较活泼、自由，接近人的一般视觉习惯，常用于建筑形体的外观表达，以及室内角落的表达，如图 7.1-6 所示。相对一点透视来说，两点透视作图显得麻烦些。

（3）三点透视（又称斜透视）

如图 7.1-7 所示，画面 *P* 和形体各面均呈倾斜关系，此时，所得透视图

图 7.1-5　两点透视的
　　　　　形成示意（左）
图 7.1-6　两点透视应
　　　　　用举例（右）
（*a*）建筑形体的外观表达；
（*b*）室内角落的表达

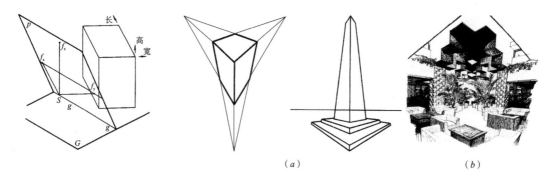

（a）　　　　　　　　　　　（b）

在形体的长度、宽度、高度方向会各有一个灭点。

　　三点透视的图面效果显得比较活泼、自由，符合人的视觉习惯，常用于高耸建筑形体的外观以及室内大空间的表达，或仰视或俯视，作图相对比较复杂。如图 7.1-8 所示。

7.1.3　影响透视图的因素

　　根据建筑形体本身的特点和表现要求选择好透视类型之后，要获得满意的表现效果，关键就是视点位置的确定。视点位置的确定主要表现为站点位置的选择、视高的选择两个方面。

　　（1）站点位置的选择

　　站点距离画面的远近（即视点距离画面的视距）和站位左右会影响到透

图 7.1-7　三点透视的
　　　形成示意（左）
图 7.1-8　三点透视的
　　　应用举例（右）
（a）高耸建筑形体的外
观表达；
（b）室内大空间的表达

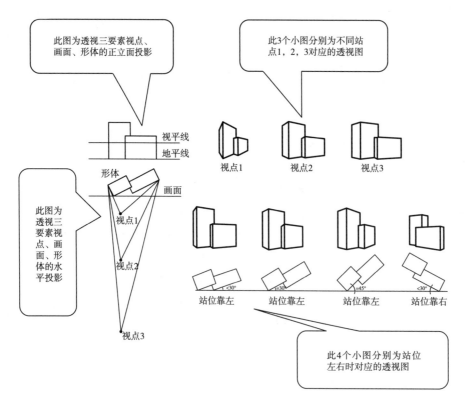

此图为透视三要素视点、画面、形体的正立面投影

此3个小图分别为不同站点1，2，3对应的透视图

视平线
地平线

形体
画面

此图为透视三要素视点、画面、形体的水平投影

视点1

视点2

视点3

视点1　　　视点2　　　视点3

站位靠左　　站位靠左　　站位靠左　　站位靠右

此4个小图分别为站位左右时对应的透视图

图 7.1-9　站点距离画
　　面的远近及站位左
　　右对室外两点透视
　　图的影响举例

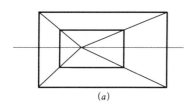 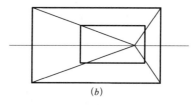

(a)   (b)

图 7.1-10 站位左右
对室内一点透视图
的影响举例

视效果表达。如图 7.1-9、图 7.1-10 所示。不同位置站点 1、2、3，对应的
建筑形体透视想象也不同。

  在进行站点位置选择时，要考虑人的视域范围会影响透视效果的逼真感，
即要满足视点观看形体时的正常视域范围。如图 7.1-11 所示，当视线方向固
定的情况下，人在视角为 60° 左右的视域范围内能够看清物体。那么，在透视
作图过程中选择站点位置时，在视角 60° 范围内的透视形象是比较逼真的。为
此，对于室内透视图来说，一般保持视距 $D \approx 1 \sim 1.5K$，对于室外透视图来说，
保持视距 $D \approx 1.5 \sim 2.0K$，同时，并尽可能使视中心点（心点）落在画幅宽
度 K 的中间 1/3 内。如图 7.1-12 所示。

  （2）视高的选择

  视高即视平线到地面的垂直距离。绘制透视图时，视高的选择也就是视
平线位置的选择。不同的视高会呈现出或俯视或仰视或平视的透视图氛围，类

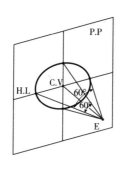 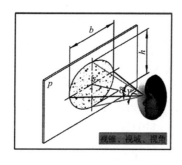

图 7.1-11 人的视觉
范围

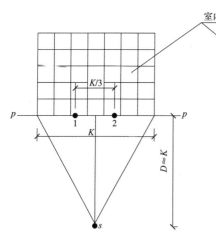 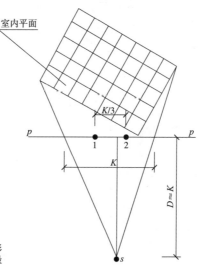

说明：此图是以透视三要素视点S、画面PP、形
体的水平投影示意，K为画幅宽度，即透视图最
左到最右之间的距离。

图 7.1-12 站点位置
选择时对视距和视
中心点的要求

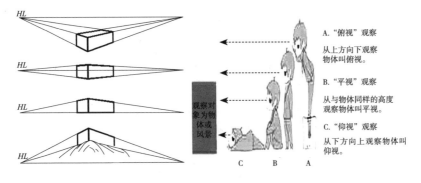

A. "俯视"观察

从上方向下观察
物体叫俯视。

B. "平视"观察

从与物体同样的高度
观察物体叫平视。

C. "仰视"观察

从下方向上观察物体叫
仰视。

图 7.1-13 不同视平
线位置对室外透视
图的影响举例

图 7.1-14 不同视平
线位置对室内透视
图的影响举例

似于生活中看同一个物体时，不同高度的人看到的不同效果。如图 7.1-13、
图 7.1-14 所示。

7.2　室内一点透视的常用画法

求形体透视图的关键：

1) 平面的透视位置。基本方法有视线法（建筑师法）、量点法、网格法等。

2) 求透视高度。主要是利用真高线（真实高度线）和透视方向线确定。只
有位于画面的线，才能反映真实高度；不同的线可共用同一位置、但高度不同
的真高线；也可以采用直线延长后交于画面的方法，对每条线找出真高线后确定。

绘制室内一点透视最常用的方法是量点法和网格法结合，其具体步骤与
方法如【例 7.2-1】所示。

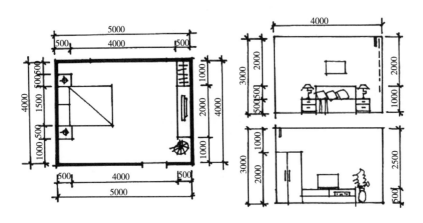

图 7.2-1　某房间的平
面图和立面图

【例7.2-1】根据如图7.2-1所示的某房间平面图、立面图,视高取1.8米,按照合适的比例绘制该房间的一点透视图。

分为准备阶段和绘制阶段。

准备阶段内容如下:

1) 画面位置确定。

为便于利用真高线作图,画面P.P位置一般选择在观察者正对的后墙面上。如图7.2-2所示。

2) 确定合适的视距、视高。

根据室内一点透视图保持视距

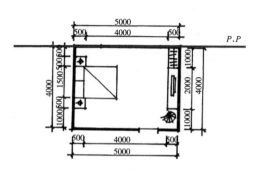

图7.2-2 画面位置的确定

$D \approx 1 \sim 1.5K$,的原则,结合正对面房间的宽度5000,即取房间宽度的1~1.5倍,可取视距$D=5 \sim 7.5$米;视高即视平线距离地平线高度,一般按平视绘制时,视高h取1.4~1.7米均可。

绘制阶段的步骤与方法如下:

步骤一:如图7.2-3所示。按房间的宽度尺寸5000和高度尺寸3000(采用合适比例)绘制出房间后墙面,并按确定的视高绘制地平线、视平线,在视平线上按视中心点(心点)落在画幅宽度K的中间1/3内的原则,定出视中心点即一点透视的消失点位置。

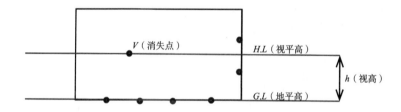

图7.2-3 房间后墙面绘制、地平线、视平线、消失点绘制

步骤二:如图7.2-4所示。分别将消失点与后墙面矩形的四个顶点连接延长,绘制出房间顶面、地面、左墙面、右墙面的分界线;在视平线上取$MV=K=5 \sim 7.5$米,且在地平线上后墙面的右侧取房间进深尺寸4000。将M分别与4000的4个等分点连接延长,与地面右侧的透视方向线(也称消失方向线)相交。

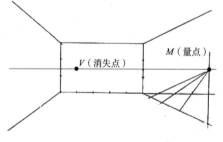

图7.2-4 房间顶面、地面、左墙面、右墙面分界线的绘制,量点绘制,房间进深确定

步骤三:按图7.2-5所示绘制地面网格线。即作出地平线上房间宽度5000各等分点与消失点连接的消失方向线,过步骤二中地面右侧消失方向线上的相交点作出水平线,此时,各

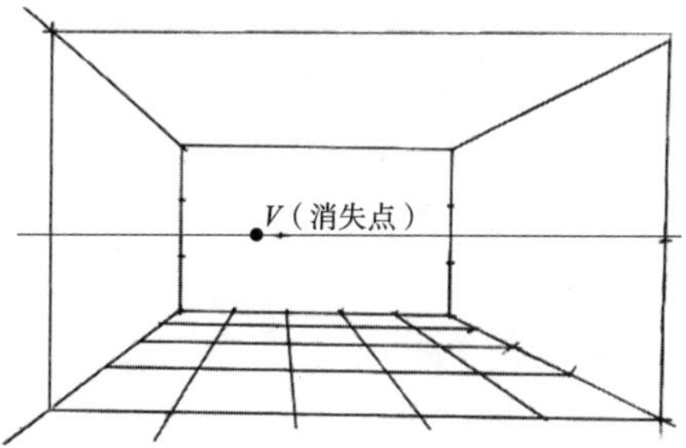

图7.2-5 地面网格的绘制

消失方向线与水平线相交就形成地面网格。

步骤四：按图 7.2-6 所示方法确定出室内家具陈设的位置和高度。即家具陈设的宽度和进深由地面网格确定，而家具陈设的透视高度则要依据真高线和消失方向线来确定。注意透视图的"近大远小"、"近高远低"特点。

步骤五：如图 7.2-7 所示。在地面家具陈设绘制好的基础上，按透视关系绘制出该房间后墙面窗户、窗帘、顶面造型、侧面墙饰等，并润饰形成室内一点透视效果图。

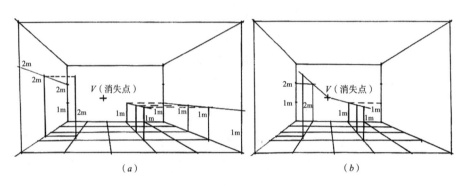

（a） （b）

图 7.2-6　室内家具陈设的绘制
（a）利用侧墙面透视高度确定家具的透视高度；
（b）利用后墙面真高线确定家具的透视高度

图 7.2-7　按透视关系绘制润饰形成的室内效果图

7.3　室内两点透视的常用画法

两点透视的绘制相对一点透视显得麻烦些。如图 7.3-1 所示，相邻两个墙面与画面的夹角 α、β 的大小、视距的远近、视点的位置等都会影响到两个消失点的确定，会影响到效果的表达。为作图方便，我们常采用将 α、β 确定为 45° 或 30° ~ 60°。

绘制室内两点透视最常用的方法是网格法与量点法结合。具体步骤与方法如【例 7.3-1】和【例 7.3-2】所示。

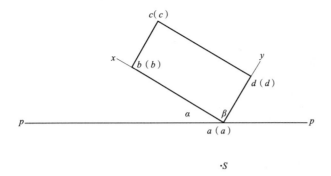

图 7.3-1 两点透视的
平面与画面、视点
水平投影示意

【例 7.3-1】 如图 7.3-2 所示。某房间室内高 3000、长 5000、宽 4000，相邻两个墙面与画面的夹角 α、β 的大小取 45°，视距取 $D \approx K$，视高取 1.8 米，按照合适的比例绘制该房间的两点透视图。

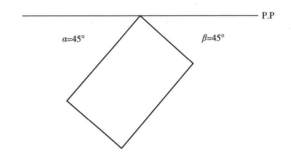

图 7.3-2 已知条件的
水平投影，取画面
位于后墙角

步骤一：如图 7.3-3 所示。绘制视平线 H.L，在视平线上 H.L 上按 $F_X F_Y \approx 2K$（K 为画幅宽度），找出 F_X、F_Y 点，并等分 $F_X F_Y$ 为 10 份，按照 3：2：2：3 的比例关系，分别定出 M_X、M_Y 以及 S'（M 为量点，S' 为心点）。

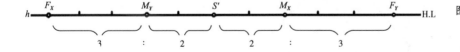

图 7.3-3 视平线上消
失点、量点、心点
的确定

步骤二：如图 7.3-4 所示。按视高 1.8 米绘制地平线 G.L，并在 G.L 上按站点位置位于画面中间 1/3 的原则，由 S' 定出 $A°$ 点，分别连接 $F_X A°$ 和 $F_Y A°$；接着按房间长度 5000 和宽度 4000，按 1000 为单位等分点分别左右划分出 1、2、3、4、5 点和 1、2、3、4 点；连接 M_X 和 1、2、3、4 点与 $F_X A°$ 延长线相交于 4 个点，连接 M_Y 和 1、2、3、4、5 点与 $F_Y A°$ 延长线相交于 5 个点；相交的 5 个点与 F_X 连接，确定出长度 5000 的透视方向，同样，相交的 4 个点与 F_Y 连接，确定出宽度 4000 的透视方向，形成房间地面网格。

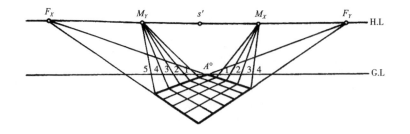

图 7.3-4 房间长宽透视方向的确定

步骤三：如图 7.3-5 所示。由 $A°$ 向上按 3000 竖立高度，连接高度端点 $B°F_X$、$B°F_Y$，确定出相邻顶棚墙面交线的透视方向。

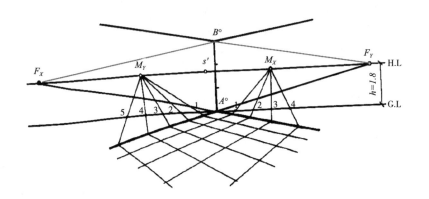

图 7.3-5 房间高度及相邻顶棚墙面透视方向的确定

在【例 7.3-1】中，是画面位于后墙角时的绘制，如果画面 $P.P$ 位于前面墙角时，如图 7.3-6 所示，则可以在 $G.L$ 上以 $A°$ 为前方顶点绘制出地面的透视网格图，如图 7.3-7 所示。在绘制出地面的透视网格图基础上，可以在 $A°$ 竖立真高线，进一步确定出相邻顶棚墙面交线的透视方向。

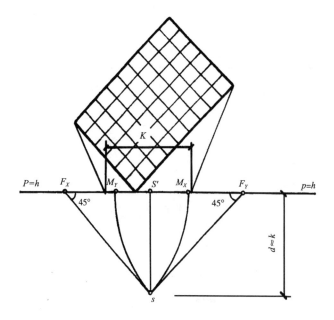

图 7.3-6 取画面位于前墙角的水平投影

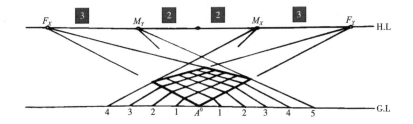

图 7.3-7 画面位于前墙角的地面透视绘制

另外，如果将【例 7.3-1】中的 α、β 取 $30° \sim 60°$，则视平线上消失点、量点、心点的确定如图 7.3-8 所示，取值 $F_X F_Y \approx 2.3K$，M_Y 在 $F_X F_Y$ 中点，S' 在 $M_Y F_Y$ 中点，M_X 在 $S'F_Y$ 中点。α、β 取 $30° \sim 60°$ 时的绘制结果如图 7.3-9 所示。

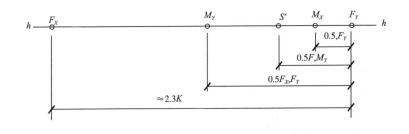

图 7.3-8 相邻墙面与画面 α、β 取 $30° \sim 60°$ 时消失点、量点、心点的确定

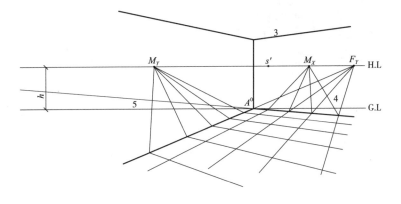

图 7.3-9 相邻墙面与画面 α、β 取 $30° \sim 60°$ 时的绘制结果

【例 7.3-2】如图 7.3-10 所示，某房间长 3000，宽 2000，高 2700，相邻墙面与画面 P.P 夹角 α、β 取 $30° \sim 60°$，视高取 1.5 米，室内家具按常用尺寸计。按照合适的比例绘制该房间的两点透视图。

步骤一：模仿【例 7.3-1】步骤，按 α、β 取 $30° \sim 60°$，可先做出房间的透视图。

步骤二：在房间透视图基础上，根据家具的常用尺寸，利用网格法和截距法做出家具的位置，如图 7.3-11 所示。

步骤三：利用真高线，做出相应的透视方向和透视高度。整理如图 7.3-12 所示。其中，储物柜高度利用比例控制法绘制。

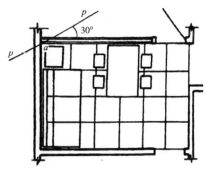

图 7.3-10 房间内摆放家具的平面图

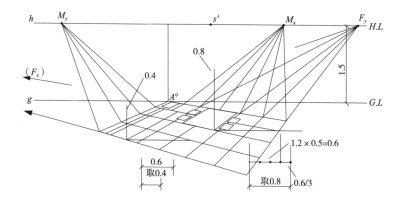

图 7.3-11 利用截距法进行家具高度的确定

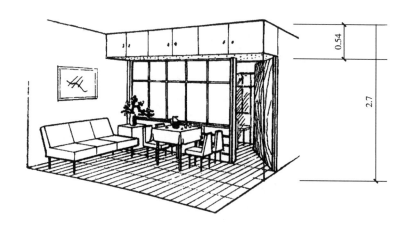

图 7.3-12 房间储物柜高度利用比例控制法绘制

　　关于两点透视中家具高度的确定方法—截距法和比例控制法，可参考其他资料。

【在线课堂】

室内一点透视作法（二维码7）

【课后实训】

1. 抄绘相关例题
2. 教师自定

二维码7

【课后实训评价标准】

评价等级	评价内容及标准
优秀 (90~100)	不需要他人指导，能按照形体投影摆放位置，正确运用一点（两点）透视灭点、视高等准确表达图样，透视方向线位置正确合理，透视轮廓图线与辅助作图线粗细区分合理、清晰，图面整洁，布局合理，作图完整迅速，并能指导他人完成任务
良好 (80~89)	不需要他人指导，能按照形体投影摆放位置，正确运用一点（两点）透视灭点、视高等准确表达图样，透视方向线位置正确合理，透视轮廓图线与辅助作图线粗细区分合理、清晰，图面整洁，布局较为合理，作图比较完整和迅速
中等 (70~79)	在他人指导下，能按照形体投影摆放位置，正确运用一点（两点）透视灭点、视高等准确表达图样，透视方向线位置正确合理，透视轮廓图线与辅助作图线粗细区分合理、清晰，图面整洁
及格 (60~69)	在他人指导下，能正确运用一点（两点）透视灭点、视高等准确表达图样，透视方向线位置正确合理。透视轮廓图线大部分正确

附录2 某客房立面、平面图

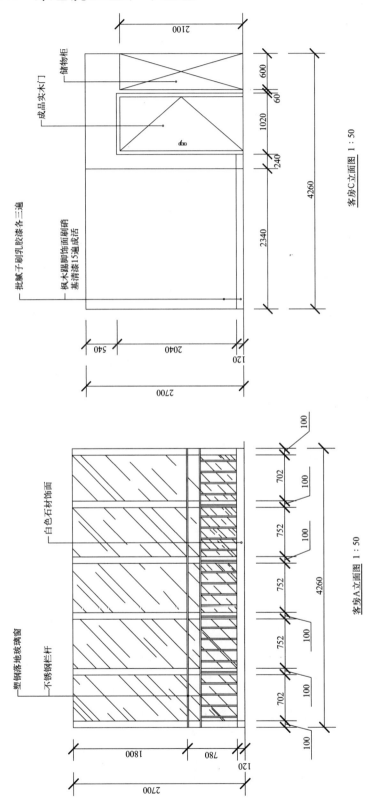

客房C立面图 1:50

客房A立面图 1:50

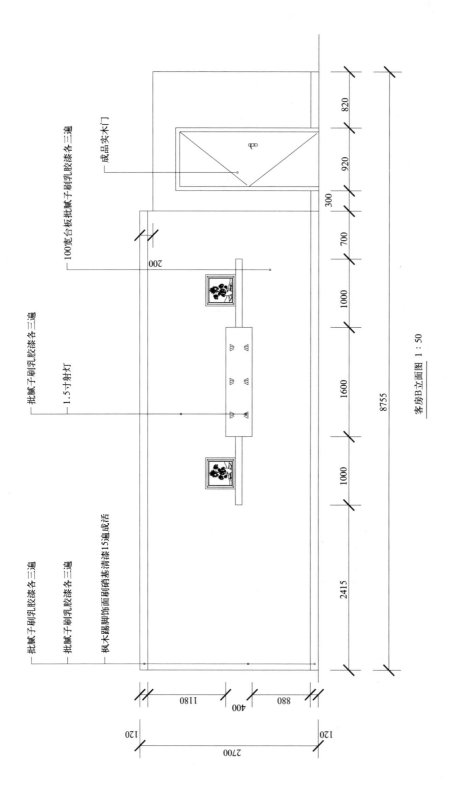

客房B立面图 1：50

成品实木门

100宽台板批腻子刷乳胶漆各三遍

批腻子刷乳胶漆各三遍

1.5寸射灯

批腻子刷乳胶漆各三遍

批腻子刷乳胶漆各三遍

枫木踢脚面刷硝基清漆15遍成活

820

920

300

700

1000

1600

1000

2415

8755

1180

400

880

120

2700

120

200

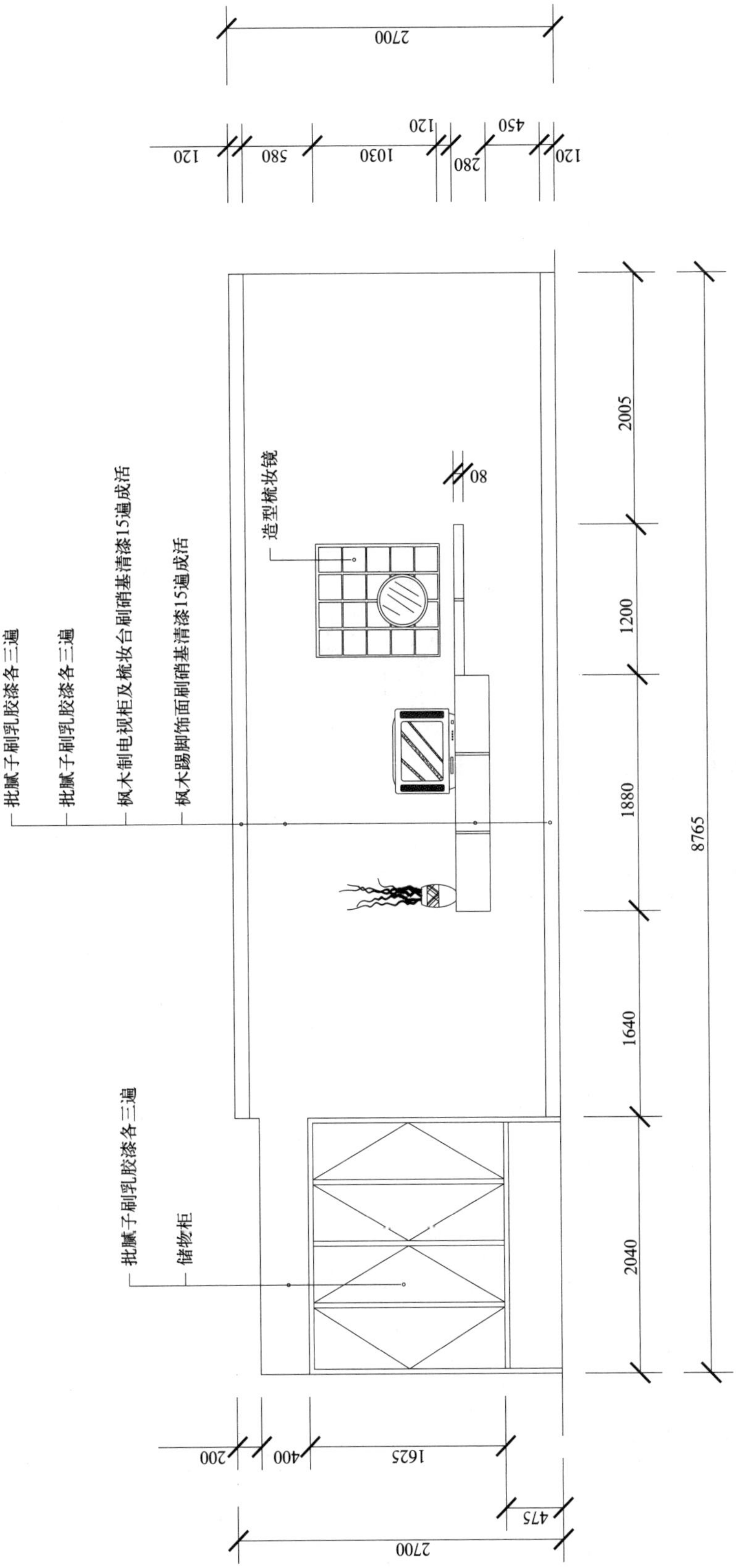
批腻子刷乳胶漆各三遍
批腻子刷乳胶漆各三遍
枫木制电视柜及梳妆台刷硝基清漆15遍成活
枫木踢脚饰面刷硝基清漆15遍成活
造型梳妆镜
批腻子刷乳胶漆各三遍
储物柜
2700
120
580
1030
120
280
450
120
80
2005
1200
1880
1640
2040
8765
200
400
1625
475
2700

客房D立面图 1：50

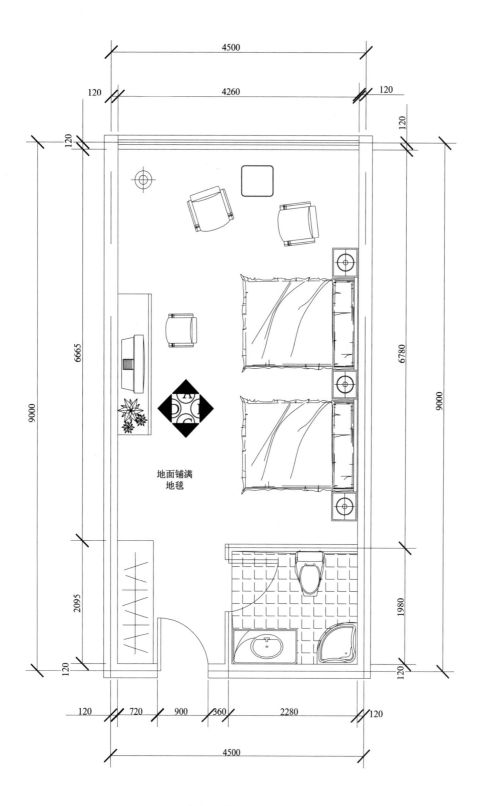

4500

4260

120   120

120   120

120

6665

9000

6780

9000

地面铺满
地毯

2095

1980

120   120

120   720   900   360   2280   120

4500

客房平面布置图 1:100

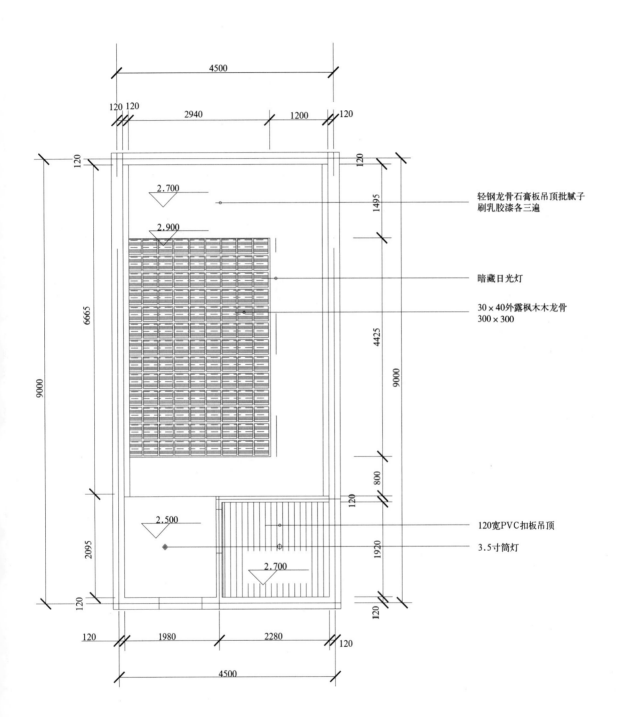

4500

120 120   2940   1200   120

120   120

2.700   1495

轻钢龙骨石膏板吊顶批腻子
刷乳胶漆各三遍

2.900

暗藏日光灯

6665   4425   30×40外露枫木木龙骨
300×300

9000   9000

120

800

120

120宽PVC扣板吊顶

2.500   1920   3.5寸筒灯

2095

2.700

120   120

120   1980   2280   120

4500

客房吊顶平面图（镜像）1：100

参考文献

[1] 孙鲁，甘佩兰．建筑装饰制图与构造 [M]．北京：高等教育出版社，1999．

[2] 朱浩．建筑制图 [M]．北京：高等教育出版社，1997．

[3] 李国生．室内设计制图与透视 [M]．广州：华南理工大学出版社，2016．

[4] 何铭新，李怀健，郎宝敏．建筑工程制图 [M]．北京：高等教育出版社，2014．

[5] 孙世青．建筑装饰制图与阴影透视 [M]．北京：科学出版社，2005．

[6] 胡海燕．建筑室内设计—思维、设计与制图 [M]．北京：化学工业出版社，2010．

[7] 孙秋荣．建筑识图与绘图 [M]．北京：中国建筑工业出版社，2010．